定期テスト **ズバリよくでる** 数学 2年 啓林館版 未来へひろがる数学2

もくじ

取り外してお使いください　赤シート+直前チェックBOOK,別冊解答

※全国の定期テストの標準的な出題範囲を示しています。学校の学習進度とあわない場合は,「あなたの学校の出題範囲」欄に出題範囲を書きこんでお使いください。

Step 1 基本チェック　1節 式の計算

15分

教科書のたしかめ　[ ]に入るものを答えよう！

❶ 式の加法，減法　▶ 教 p.13-16　Step 2 ❶-❹

解答欄

□(1) 単項式(たんこうしき) $-3a^2b$ の係数は[-3]，次数は a が2個，b が1個かけられているので[3]である。　(1)

□(2) 多項式(たこうしき) $5xy-2y+4$ の項(こう)は $5xy$，[$-2y$]，[4]で，xy の係数は[5]，y の係数は[-2]である。また，次数(じすう)は各項の次数のうち，もっとも大きいものとなるので[2]である。　(2)

□(3) $(8a-3b)-(5a-2b)=8a-3b-5a$[$+2b$]$=$[$3a-b$]　(3)

❷ いろいろな多項式の計算　▶ 教 p.17-19　Step 2 ❺❻

□(4) $3(2x+3y)-2(x-5y)=6x+9y-2x$[$+10y$]$=$[$4x+19y$]　(4)

□(5) $x=-3$，$y=4$ のとき，$(5x-2y)+(7x+8y)$ の値を求めなさい。
$(5x-2y)+(7x+8y)=5x-2y+7x+8y=$[$12x+6y$]　(5)
この式に，$x=-3$，$y=4$ を代入して，
$12x+6y=12\times$[(-3)]$+6\times$[4]$=-36+24=-12$

❸ 単項式の乗法，除法　▶ 教 p.20-22　Step 2 ❼❽

□(6) 単項式の乗法　$4x\times(-3y)=4\times(-3)\times x\times y=$[$-12xy$]　(6)

□(7) 指数をふくむ式の計算　$(-2a)^2=(-2a)\times(-2a)=$[$4a^2$]　(7)

□(8) 単項式の除法　$10xy^2\div5y=\dfrac{10xy^2}{5y}=\dfrac{10\times x\times y\times y}{5\times y}=$[$2xy$]　(8)

□(9) 3つの式の乗除　$3a\times6b\div2a=\dfrac{3a\times6b}{2a}=$[$9b$]　(9)

□(10) $x=3$，$y=-2$ のとき，$(-8xy^2)\div(-4y)$ の値を求めなさい。
$(-8xy^2)\div(-4y)=$[$2xy$]$=$[-12]　(10)

教科書のまとめ　___ に入るものを答えよう！

□ $2x$，ab，x^2 のように，数や文字についての乗法だけでできている式を 単項式 という。

□ $2a+5b$ のように，単項式の和の形で表された式を 多項式 といい，1つ1つの単項式 $2a$，$5b$ を，多項式 $2a+5b$ の 項 という。

□ 式の項が数と文字の積であるとき，その数が文字の 係数 である。

□ 単項式で，かけあわされている文字の個数を，その式の 次数 という。

□ 次数が1の式を 一次式，次数が2の式を 二次式 という。

□ 文字の部分が同じ項を 同類項 という。

Step 2 予想問題　1節 式の計算

1ページ 30分

【式の加法，減法①(多項式の項，次数，係数)】

1 次の多項式の項と次数を答えなさい。また，文字をふくむ項の係数をそれぞれ答えなさい。

□(1) $5xy+3x-2$

項(　　)
次数(　　)
xy の係数(　　)
x の係数(　　)

□(2) $12-3a^2+\dfrac{b}{2}$

項(　　)
次数(　　)
a^2 の係数(　　)
b の係数(　　)

【式の加法，減法②(同類項)】

2 次の式の同類項をまとめなさい。

□(1) $2a-7b+4a+2b$　(　　)

□(2) $2x^2-5y-7x^2-2y$　(　　)

□(3) $2.7x^2-0.2x+2.5+1.4x^2-3.1x$　(　　)

□(4) $\dfrac{1}{3}x^2-\dfrac{1}{2}-x+2x^2-\dfrac{3}{4}x$　(　　)

【式の加法，減法③】

3 次の2つの多項式をたしなさい。また，左の式から右の式をひきなさい。

□(1) $2a-b$，$6a+3b$

和(　　)
差(　　)

□(2) $3x-6y$，$-\dfrac{2}{5}x-5y$

和(　　)
差(　　)

【式の加法，減法④】

4 次の計算をしなさい。

□(1)
$$\begin{array}{r} 3x+2y \\ +)\ 2x-5y \\ \hline \end{array}$$
(　　)

□(2)
$$\begin{array}{r} 3a-b \\ -)\ 2a-b+5 \\ \hline \end{array}$$
(　　)

ヒント

1
多項式の次数は，各項の次数のうち，もっとも大きいものです。
文字のすぐ前の数が係数です。
(2) $\dfrac{b}{2}$ は $\dfrac{1}{2}b$ のことです。

2
文字の部分が同じ項が同類項です。

ミスに注意
文字が同じでも x と x^2 は同類項ではないので注意しましょう。

3
和(　)+(　)
差(　)−(　)
と表してから，(　)をはずして，同類項をまとめましょう。

4
(2)数の項の計算は，$0-5$ と考えて計算します。

[解答▶p.1]

【いろいろな多項式の計算①】

5 次の計算をしなさい。

□(1) $-5(3a-8b)$　　□(2) $(48a-6b)\div 6$

□(3) $3(x-2y)+4(2x-y)$　　□(4) $4(2x-3y-1)-2(3x-y)$

□(5) $\frac{1}{3}(2x-3y)-\frac{1}{4}(x-y)$　　□(6) $\frac{4x-2y}{3}-\frac{x-3y}{2}$

【いろいろな多項式の計算②(式の値)】

6 $x=\frac{1}{2}$，$y=-\frac{2}{3}$ のとき，次の式の値を求めなさい。

□(1) $(5x-4y)-(3x-y)$　　□(2) $7(x-y)-5(3x+4y)$

【単項式の乗法，除法①】

7 次の計算をしなさい。

□(1) $2a\times(-3b)$　　□(2) $\frac{3}{8}x\times(-4y^2)$

□(3) $\frac{x}{3}\times\left(-\frac{3}{2}y\right)^2$　　□(4) $(-6x^2y)\div 2x$

□(5) $3a^2\div 12a^2$　　□(6) $-\frac{7}{12}x^2y\div\frac{4}{3}x$

【単項式の乗法，除法②(3つの式の乗除)】

8 次の計算をしなさい。

□(1) $4a^2b\times(-3b)\div 6ab^2$　　□(2) $\frac{1}{4}x\times(-4x)^2\div 2x$

□(3) $-24a^3\div 12a^2\div(-2a)$　　□(4) $2x^2y\div\frac{2}{5}y\times(-6x)$

ヒント

5
分配法則を使って，かっこをはずします。同類項は，まとめます。
分配法則
$a(b+c)=ab+ac$

テスト得ダネ
(6)のような問題は符号をまちがえやすいです。よく出題されるので，確実に計算しましょう。

6
式を簡単にしてから x，y の値を代入します。

7
単項式どうしの乗法は，係数の積に文字の積をかけます。除法は，分数の形にしたり，わる式の逆数をかける形にしたりして計算します。

ミスに注意
(6) $\frac{4}{3}x=\frac{4x}{3}$ なので，$\frac{4}{3}x$ の逆数は $\frac{3}{4x}$ です。

8
まず全体が ＋ か － かを考え，分数の形にして計算します。

[解答▶p.2-3]

Step 1 基本チェック

2節 文字式の利用

15分

教科書のたしかめ [ ]に入るものを答えよう！

❶ 文字式の利用

▶ 教 p.24-29　Step 2 ❶-❼

解答欄

□(1) 2けたの正の整数と，その数の十の位の数と一の位の数を入れかえてできる数との差は9の倍数になる。その理由を説明しなさい。

もとの数の十の位の数をa，一の位の数をbとすると，この数は，

[$10a+b$]と表される。

また，十の位の数と一の位の数を入れかえてできる数は，

[$10b+a$]となる。

このとき，この2数の差は，

$(10a+b)-(10b+a)=9a-9b=9($[$a-b$]$)$

$a-b$は[整数]だから，$9(a-b)$は9の倍数である。

したがって，2けたの正の整数と，その数の十の位の数と一の位の数を入れかえてできる数との差は，9の倍数である。

□(2) 等式$x+y=3$を，xについて解きなさい。

yを移項して，$x=$[$3-y$]

□(3) 等式$2a-4b=100$を，aについて解きなさい。

$-4b$を移項して，$2a=$[$100+4b$]

両辺を2でわって，$a=$[$50+2b$]

□(4) 等式$\frac{1}{3}a=2b$を，aについて解きなさい。

両辺に3をかけて，$a=$[$6b$]

□(5) 底面の1辺がa，高さがhの正四角錐の体積Vは，

$V=$[$\frac{1}{3}a^2h$]と表され，これをhについて解くと$h=$[$\frac{3V}{a^2}$]

(1)

(2)

(3)

(4)

(5)

教科書のまとめ ＿＿に入るものを答えよう！

□ 連続する3つの整数は，最小の数をnとすると，n，$n+1$，$n+2$と表される。

□ nを整数とすると，3の倍数は$3n$，5の倍数は$5n$と表される。

□ nを整数とすると，偶数(ぐうすう)は，$2\times$(整数)の形に表されるので，$2\times n=2n$，奇数(きすう)は，$2n+1$または，$2n-1$と表される。

□ m，nが整数のとき，$2(m+n)$は偶数，$2(m+n)+1$は奇数を表す。

□ 十の位の数がa，一の位の数がbである2けたの整数は，$10a+b$と表され，十の位の数と一の位の数を入れかえてできる数は，$10b+a$と表される。

□ xをふくむ等式から，xを求める式をつくることを，はじめの等式をxについて解くという。

Step 2 予想問題 2節 文字式の利用

【文字式の利用①】

1 2つの整数が，奇数と偶数のとき，その差は奇数になります。その理由を説明しなさい。

ヒント

1 整数 m，n を使うと，奇数は $2m+1$，偶数は $2n$ と表されます。

ミスに注意
2つの整数のように，関係のない2数の場合は，2つの文字を使って表します。

【文字式の利用②】

よく出る

2 連続する3つの自然数の和は3の倍数になります。その理由を説明しなさい。

2 連続する3つの自然数は，最小の自然数を n とすると，n，$n+1$，$n+2$ と表されます。

ミスに注意
連続する3つの自然数のように，連続する数の場合は，1つの文字で表します。

【文字式の利用③】

3 2つの整数が，ともに奇数のとき，その差は偶数になります。その理由を説明しなさい。

3 m，n が整数のとき，$2(m-n)$ は偶数となります。

【文字式の利用④】

4 右の図のような円錐（えんすい）の体積 V を r，h を使った式で表しなさい。また，求めた式を h について解きなさい。

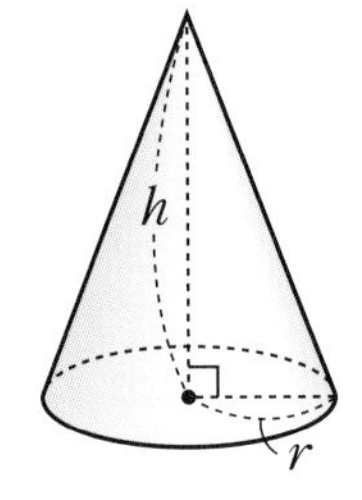

$V=$（　　　　）

$h=$（　　　　）

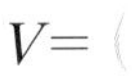

4 (円錐の体積)＝$\frac{1}{3}$×(底面積)×(高さ)です。

テスト得ダネ
面積や体積の公式は確実におぼえましょう。

[解答▶p.3]

【文字式の利用⑤】

得点UP

5 □ 底面の半径が r，高さが h の円柱Aがあります。円柱Aの底面の半径を3倍にし，高さを $\frac{1}{3}$ にした円柱Bをつくるとき，Aの体積はBの体積の何倍になりますか。

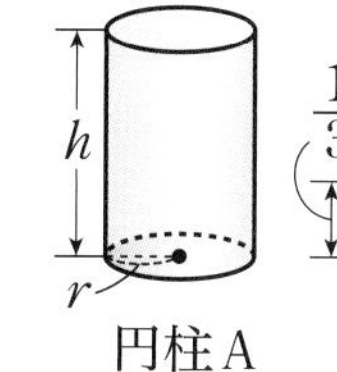

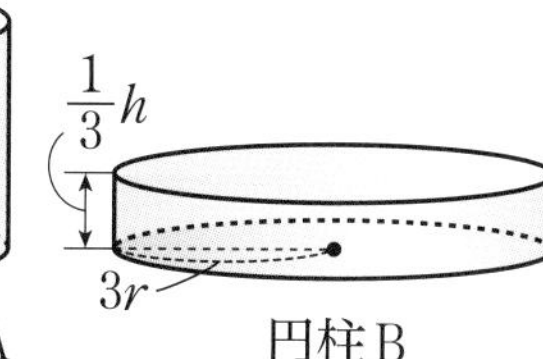

（　　　　　　　）

ヒント

5
AはBの何倍かは，A÷Bで求めることができます。
(円柱の体積)＝(底面積)×(高さ)です。

ミスに注意
半径が $3r$ の円の面積は $\pi\times3r^2$ ではなく，$\pi\times(3r)^2$ となることに注意します。

【文字式の利用⑥】

6 □ 右の表は，自然数を横に7つずつ並べたものです。この表の中の4つの数を右のように正方形で囲むと，囲まれた4つの数の和は4の倍数になります。その理由を説明しなさい。

1	2	3	4	5	6	7
8	9	10	11	12	13	14
15	16	17	18	19	20	21
22	23	24	25	26	27	28
29	30	31	32	33	34	35
36	37	38	39	・	・	・
・	・	・	・	・	・	・

6
正方形で囲まれた4つの数のうち，左上の数を n とすると，右上は $n+1$，左下は $n+7$，右下は $n+8$ と表されます。
4×(整数)の形に変形できると，4の倍数であるといえます。

【文字式の利用⑦(等式の変形)】

7 次の等式を，〔　〕内の文字について解きなさい。

□(1) $x-2y=10$　〔x〕　　（　　　　　　）

□(2) $\ell=2\pi r$　〔r〕　　（　　　　　　）

□(3) $3a-4b=8$　〔b〕　　（　　　　　　）

□(4) $\ell=5(a+b)$　〔a〕　　（　　　　　　）

□(5) $t=\frac{1}{3}(a+b+c)$　〔c〕　　（　　　　　　）

□(6) $S=\frac{(a+b)h}{2}$　〔b〕　　（　　　　　　）

7
式の性質を使って，左辺を〔　〕の中の文字だけにします。右辺に〔　〕の中の文字があるときは，まず両辺を入れかえましょう。
(5)(6)まず分母をはらいましょう。

[解答▶p.4]

Step 3 予想テスト　1章 式の計算

30分　／100点　目標 80点

1 次の㋐〜㋓について，(1)〜(5)の問いに答えなさい。知　10点(各2点)

㋐ $4x^3$	㋑ $3x^2y-6xy-8$	㋒ 200	㋓ $\frac{x}{2}-\frac{y}{3}$

□(1) 単項式を記号ですべて答えなさい。

□(2) ㋐の式の次数を答えなさい。

□(3) ㋑の式の項を答えなさい。

□(4) ㋑の式の次数を答えなさい。

□(5) ㋓の式で，y の係数を答えなさい。

2 次の計算をしなさい。知　24点(各4点)

□(1) $4a-5b+3a+2b$　□(2) $-2x^2+4x-7x^2-5x$

□(3) $2.3x+0.6y-1.5x+1.9y$　□(4) $3(2x+y)+4(2x-3y)$

□(5) $\frac{1}{3}(2x-3y)-\frac{1}{2}(x+5y)$　□(6) $\frac{3a+b}{4}-\frac{2a-4b}{3}$

3 次の計算をしなさい。知　8点(各4点)

□(1)
$$\begin{array}{r} 3a-5b \\ +)\ 2a+6b \\ \hline \end{array}$$

□(2)
$$\begin{array}{r} 4x+5y-7 \\ -)\ 2x-4y \quad \\ \hline \end{array}$$

4 次の計算をしなさい。知　32点(各4点)

□(1) $3x\times4y$　□(2) $(-3x)^2$　□(3) $a^2\times a^3\times a$

□(4) $\frac{2}{3}x\times(-9xy^2)$　□(5) $12xy\div3x$　□(6) $\left(-\frac{4}{3}xy^2\right)\div\frac{2}{3}xy$

□(7) $12ab\times(-3ab^2)\div(-9a^2b)$　□(8) $\left(-\frac{2}{3}xy\right)\div2x\times7xy$

5 $x=6.3$，$y=-3.7$ のとき，次の式の値を求めなさい。知　8点(各4点)

□(1) $(7x-2y)-(-3x+8y)$　□(2) $-6(6x-8y)+7(5x-7y)$

　成績評価の観点　知…数量や図形などについての知識・技能　考…数学的な思考・判断・表現

❻ 次の等式を，〔　〕内の文字について解きなさい。知

8点(各4点)

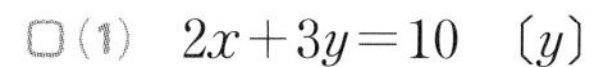
□(1)　$2x+3y=10$　〔y〕

□(2)　$S=\frac{1}{2}ah$　〔a〕

❼ 底面の半径が r，高さが h の円錐（えんすい）A があります。円錐 A の底面の半径を 2 倍にし，高さを半分にした円錐 B をつくるとき，B の体積は A の体積の何倍になりますか。考

□

5点

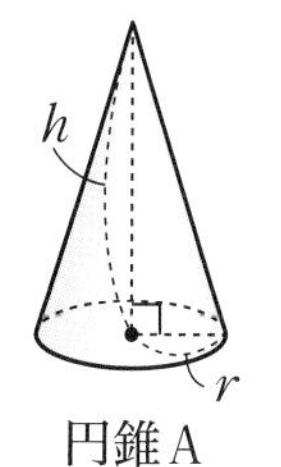

円錐A

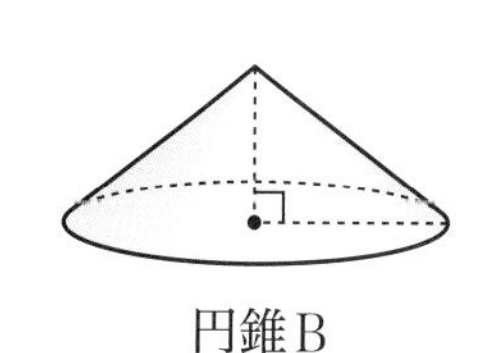
円錐B

点UP

❽ 2 つの自然数がともに 3 の倍数のとき，その和は 3 の倍数になります。その理由を説明しなさい。考

□

5点

❶	(1)	(2)	(3)	(4)	(5)
❷	(1)		(2)	(3)	
	(4)		(5)	(6)	
❸	(1)		(2)		
❹	(1)		(2)	(3)	
	(4)		(5)	(6)	
	(7)		(8)		
❺	(1)		(2)		
❻	(1)		(2)		
❼					
❽					

[解答▶p.4-5]

❶ ／10点　❷ ／24点　❸ ／8点　❹ ／32点　❺ ／8点　❻ ／8点　❼ ／5点　❽ ／5点

Step 1 基本チェック　1節 連立方程式

15分

教科書のたしかめ　[　]に入るものを答えよう！

❶ 連立方程式とその解　▶ 教 p.36-38　Step 2 ❶

解答欄

□(1) x の値が 0，1，2，……のとき，二元一次方程式(にげんいちじほうていしき) $2x+y=13$ を成り立たせる y の値を求め，下の表に書き入れなさい。

x	0	1	2	3	4	5	6
y	[13]	[11]	[9]	[7]	[5]	[3]	[1]

(1)

❷ 連立方程式の解き方　▶ 教 p.39-46　Step 2 ❷-❺

□(2) 連立方程式(れんりつほうていしき) $\begin{cases} x+4y=6 \\ 2x+5y=3 \end{cases}$ を加減法(かげんほう)で解(と)きなさい。

$\begin{cases} x+4y=6 & \cdots\cdots① \\ 2x+5y=3 & \cdots\cdots② \end{cases}$ とすると，

①×2　　$2x+8y=12$ ……①′

①′−②　　$3y=$[9]　　$y=$[3]

①に代入して，$x+4\times3=6$　　$x=$[−6]

よって，この連立方程式の解(かい)は，$(x,\ y)=($[−6]，[3]$)$

(2)

□(3) 連立方程式 $\begin{cases} 2x+y=3 \\ 3x-2y=22 \end{cases}$ を代入法(だいにゅうほう)で解きなさい。

$\begin{cases} 2x+y=3 & \cdots\cdots① \\ 3x-2y=22 & \cdots\cdots② \end{cases}$ とすると，

① を y について解くと，$y=$[$3-2x$] ……①′

①′ を ② に代入して，$3x-2(3-2x)=22$　　$x=$[4]

①′ に代入して，$y=$[−5]

よって，この連立方程式の解は，$(x,\ y)=($[4]，[−5]$)$

(3)

□(4) 連立方程式 $5x+y=-3x+5y=7$ を解きなさい。

$\begin{cases} 5x+y=7 \\ [\ -3x+5y\ ]=7 \end{cases}$　　これを解くと，$(x,\ y)=($[1]，[2]$)$

(4)

教科書のまとめ　＿＿に入るものを答えよう！

□ 2つの文字をふくむ一次方程式を，二元一次方程式 という。

□ 2つの方程式を組にしたものを，連立方程式 という。

□ 2つの方程式のどちらも成り立たせる文字の値の組を，連立方程式の解 といい，その解を求めることを，連立方程式を解く という。

□ 連立方程式を解くのに，左辺どうし，右辺どうしを，それぞれ，たすかひくかして，1つの文字を消去(しょうきょ)する方法を 加減法，代入によって1つの文字を消去する方法を 代入法 という。

Step 2 予想問題　1節 連立方程式

1ページ 30分

【連立方程式とその解】

❶ 次の問いに答えなさい。

□(1) 等式 $x+y=15$ にあてはまる x，y の値の組を，右の表の空欄㋐〜㋓をうめて求めなさい。

x	…	6	㋑	8	㋓	…
y	…	㋐	8	㋒	6	…

㋐(　　) ㋑(　　) ㋒(　　) ㋓(　　)

□(2) 等式 $2x+3y-37$ にあてはまる x，y の値の組を，右の表の空欄㋔〜㋗をうめて求めなさい。

x	…	5	㋕	11	㋗	…
y	…	㋔	7	㋖	3	…

㋔(　　) ㋕(　　) ㋖(　　) ㋗(　　)

□(3) (1)，(2)から，連立方程式 $\begin{cases} x+y=15 \\ 2x+3y=37 \end{cases}$ の解を求めなさい。

$(x,\ y)=($　　$,$　　$)$

【連立方程式の解き方①(加減法)】

よく出る

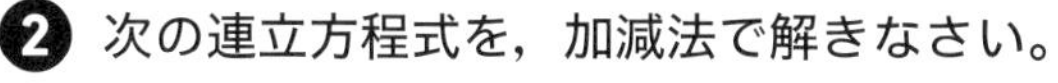
❷ 次の連立方程式を，加減法で解きなさい。

□(1) $\begin{cases} x+2y=14 \\ x+y=6 \end{cases}$

$(x,\ y)=($　　$,$　　$)$

□(2) $\begin{cases} 4x+3y=14 \\ x-3y=11 \end{cases}$

$(x,\ y)=($　　$,$　　$)$

□(3) $\begin{cases} 4x+3y=1 \\ 10x+9y=2 \end{cases}$

$(x,\ y)=($　　$,$　　$)$

□(4) $\begin{cases} 4x+5y=-8 \\ 3x+2y=1 \end{cases}$

$(x,\ y)=($　　$,$　　$)$

□(5) $\begin{cases} x-3y-6=0 \\ 8x-4y+12=0 \end{cases}$

$(x,\ y)=($　　$,$　　$)$

ヒント

❶
(1)(2) x(または y)の値を式に代入すると，y(または x)の値を求めることができます。
(3) どちらの方程式にもあてはまる，x，y の値の組を求めます。

❷
どちらかの文字の係数の絶対値をそろえ，左辺どうし，右辺どうしを，それぞれ，たすかひくかして，その文字を消去する解き方を加減法といいます。
(1)(2) 式をそのまま加減すると，x，y のどちらかを消去できます。
(3)(4) x か y どちらかの係数の絶対値がそろうように，片方の式，もしくは2つの式を何倍かしてから加減すると，x，y のどちらかを消去できます。
(5) ●x＋▲y＝■となるように，2式をそれぞれ整理します。

2章

【連立方程式の解き方②(代入法)】

❸ 次の連立方程式を，代入法で解きなさい。

□(1) $\begin{cases} x=2y+10 \\ 3x+y=2 \end{cases}$

$(x,\ y)=(\quad,\quad)$

□(2) $\begin{cases} y=4x-2 \\ y=x+4 \end{cases}$

$(x,\ y)=(\quad,\quad)$

□(3) $\begin{cases} 3x-2y=7 \\ 2y=5x-9 \end{cases}$

$(x,\ y)=(\quad,\quad)$

【連立方程式の解き方③(いろいろな連立方程式①)】

よく出る

❹ 次の連立方程式を解きなさい。

□(1) $\begin{cases} 7x+2y=-12 \\ 5x-4(3-y)=0 \end{cases}$

$(x,\ y)=(\quad,\quad)$

□(2) $\begin{cases} 4x-(3x+2y)=2 \\ 2y-3(x-y)=-7 \end{cases}$

$(x,\ y)=(\quad,\quad)$

□(3) $\begin{cases} 2x+y=4 \\ \dfrac{x}{2}+\dfrac{y}{3}=1 \end{cases}$

$(x,\ y)=(\quad,\quad)$

□(4) $\begin{cases} \dfrac{x}{6}-\dfrac{y-10}{3}=\dfrac{19}{6} \\ 4x+5y-22=0 \end{cases}$

$(x,\ y)=(\quad,\quad)$

□(5) $\begin{cases} 0.1x+0.3y=2 \\ x-5y=-36 \end{cases}$

$(x,\ y)=(\quad,\quad)$

□(6) $\begin{cases} 0.5x+1.2y=7 \\ 0.3x-1.5y=-6.9 \end{cases}$

$(x,\ y)=(\quad,\quad)$

【連立方程式の解き方④(いろいろな連立方程式②)】

点UP

❺ 方程式 $2x+y=x+4y=7$ を解きなさい。

□

$(x,\ y)=(\quad,\quad)$

ヒント

❸
一方の式を他方の式に代入することによって，1つの文字を消去して解く方法を代入法といいます。

(1)(2) $x=$〜，または，$y=$〜の式を，もう一方の式に代入します。

ミスに注意
代入する文字に，係数や − の符号がついているときには，かっこをつけて代入しましょう。

❹
式を簡単にしてから解きます。

(1)(2)かっこをはずして，式を整理してから，加減法または代入法で解きます。

(3)(4)両辺に分母の最小公倍数をかけます。

(5)(6)両辺を10倍します。

ミスに注意
$\dfrac{x}{2}+\dfrac{y}{3}=1$ のような式で分母をはらうとき，左辺にだけ6をかけて，$3x+2y=1$ とするのはよくあるミスです。右辺にも忘れずに同じ数6をかけましょう。

❺
7を右辺とする式を2つつくります。

[解答▶p.7]

Step 1 基本チェック　2節 連立方程式の利用

15分

教科書のたしかめ　[　]に入るものを答えよう！

❶ 連立方程式の利用

▶ 教 p.48-53　Step 2 ❶-❽

解答欄

□ (1) 1個50円のパンと1個80円のドーナツをあわせて12個買い，720円払(はら)った。パンとドーナツを，それぞれ何個買ったか求めなさい。

パンを x 個，ドーナツを y 個買ったとして，個数と代金でそれぞれ等式をつくると，

$$\begin{cases} [\ x+y\ ]=12 & \leftarrow \text{個数} \\ [\ 50x+80y\ ]=720 & \leftarrow \text{代金} \end{cases}$$

よって，この連立方程式の解は，$(x,\ y)=([\ 8\ ],\ [\ 4\ ])$

この解は問題にあっている。

パン[8]個，ドーナツ[4]個

(1)

□ (2) ある店で，パイとケーキをあわせて300個つくった。そのうち，パイは80%，ケーキは70%売れ，あわせて228個売れた。パイとケーキを，それぞれ何個つくったか求めなさい。

パイを x 個，ケーキを y 個つくったとして，つくった個数と売れた個数でそれぞれ等式をつくると，

$$\begin{cases} [\ x+y\ ]=300 & \leftarrow \text{つくった個数} \\ \dfrac{[\ 80\ ]}{100}x+\dfrac{[\ 70\ ]}{100}y=228 & \leftarrow \text{売れた個数} \end{cases}$$

よって，この連立方程式の解は，$(x,\ y)=([\ 180\ ],\ [\ 120\ ])$

この解は問題にあっている。

パイ[180]個，ケーキ[120]個

(2)

教科書のまとめ　＿＿に入るものを答えよう！

□ 連立方程式を活用して問題を解く手順

①問題の中の 数量 に着目して，数量の関係を見つける。

②まだわかっていない 数量 のうち，適当なものを 文字 で表して， 連立方程式 をつくる。

③ 連立方程式 を解く。

④連立方程式の解が，問題に あっているか どうかを調べて， 答え を書く。

□ 割合の問題　百分率などの割合を 分数 や小数で表す。

□ a 円の30%引きは，a 円の 70 %の値段，b 人から5%増加すると，b 人の 105 %の人数である。

□ 時間・道のり・速さの問題　(道のり)＝(速さ)×(時間)，$(\text{時間})=\dfrac{(\text{道のり})}{(\text{速さ})}$

Step 2 予想問題　2節 連立方程式の利用

1ページ 30分

【連立方程式の利用①(代金の問題)】

1 □ 鉛筆(えんぴつ)6本とノート4冊を買うと860円になり，同じ鉛筆4本と同じノート5冊を買うと900円になります。鉛筆1本，ノート1冊の値段は，それぞれいくらですか。

鉛筆1本(　　　　)，ノート1冊(　　　　)

【連立方程式の利用②(連立方程式の解の意味)】

2 □ x，y についての連立方程式 $\begin{cases} ax+by=8 \\ bx+ay=-2 \end{cases}$ の解が，$(x,\ y)=(3,\ -2)$ であるとき，a，b の値を求めなさい。

$a=$(　　　　)，$b=$(　　　　)

【連立方程式の利用③(割合の問題)】

3 □ ある中学校の昨年の生徒数は，男女あわせて400人でした。今年は，昨年とくらべて，男子は12%減り，女子は4%増えたので，男女あわせて24人減少しました。今年の男子と女子の生徒数を，それぞれ求めなさい。

今年の男子(　　　　)，今年の女子(　　　　)

【連立方程式の利用④(分け方の問題)】

4 □ ある中学校の2年生は校外学習でボートに乗ることになりました。松本さんのクラスの人数は38人で，ボートは3人乗りと2人乗りの2種類があり，それぞれに分かれて乗ることになりました。乗るボートの合計が15艇(てい)のとき，3人乗りと2人乗りのボートは，それぞれ何艇ですか。それぞれのボートには定員どおりに乗ることとします。

3人乗り(　　　　)，2人乗り(　　　　)

ヒント

1 代金の関係に着目して，連立方程式をつくります。

2 解を代入すると，a，b についての連立方程式ができます。

3 昨年の男子を x 人，女子を y 人として，式をつくります。

テスト得ダネ
問題では今年の生徒数を求めますが，式のつくりやすさを考えて，昨年の生徒数を x，y でおくようにしましょう。

4 ボートの艇数とクラスの人数に着目して，連立方程式をつくります。

[解答▶p.8-9]

【連立方程式の利用⑤(速さ・時間・道のりの問題)】

5 家から 7km 離れた公園へ行くのに，時速 30km で自転車で進みましたが，途中で自転車が故障したので，残りの道のりを時速 4km で歩いたら，家を出発してから公園に着くまでに 40 分かかりました。自転車で進んだ道のりと歩いた道のりを，それぞれ求めなさい。

自転車で進んだ道のり（　　　　　），歩いた道のり（　　　　　）

【連立方程式の利用⑥(重さの関係)】

6 1 個の重さが 50g の商品 A と 1 個の重さが 30g の商品 B があります。重さが 200g の箱に商品 A，B を合わせて 30 個つめて，全体の重さが 1500g になるようにします。商品 A，商品 B をそれぞれ何個ずつつめればよいか求めなさい。

商品 A（　　　　　），商品 B（　　　　　）

【連立方程式の利用⑦(整数の問題)】

7 2 けたの正の整数があります。この整数は，各位の数の和の 3 倍と等しい数です。また，十の位の数と一の位の数を入れかえてできる 2 けたの整数は，もとの整数の 3 倍よりも 9 小さくなります。もとの整数を求めなさい。

（　　　　　）

【連立方程式の利用⑧(食塩水の濃度の問題)】

8 濃度が，それぞれ 3%，9% の 2 種類の食塩水があります。この 2 種類の食塩水を混ぜあわせて，濃度が 4% の食塩水を 300g つくろうと思います。それぞれの食塩水を，何 g ずつ混ぜればよいですか。

3% の食塩水（　　　　　），9% の食塩水（　　　　　）

ヒント

5
道のりの関係，時間の関係で，連立方程式をつくります。
$(\text{時間})=\dfrac{(\text{道のり})}{(\text{速さ})}$
の関係を使います。
a 分 $=\dfrac{a}{60}$ 時間です。

ミスに注意
速さ・時間・道のりの問題は，単位をそろえることを忘れないようにしましょう。

6
商品 A の個数を x 個，商品 B の個数を y 個として連立方程式をつくり，加減法で解きます。

7
A が B より 9 小さいことは，
$A=B-9$ や $A+9=B$
と表せます。

テスト得ダネ
問題中にある 2 つの等しい関係を見つけることを意識して問題を読みましょう。

8
食塩水の質量の関係，食塩水にとけている食塩の質量の関係で，連立方程式をつくります。
3% の食塩水 x g にとけている食塩の質量は
$\dfrac{3}{100}x$ g です。

Step 3 予想テスト 2章 連立方程式

30分

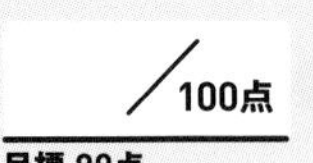
/100点
目標 80点

1 x, y が自然数のとき，二元一次方程式 $3x+2y=14$ の解をすべて求めなさい。知 6点

2 次の連立方程式を解きなさい。知 40点(各5点)

(1) $\begin{cases} 2x+3y=11 \\ x+3y=7 \end{cases}$

(2) $\begin{cases} x+3y=14 \\ 2x-5y=-5 \end{cases}$

(3) $\begin{cases} 3x+2y=7 \\ 5x-3y=-1 \end{cases}$

(4) $\begin{cases} 3x+2y=8 \\ y=3x-5 \end{cases}$

(5) $\begin{cases} 2(2x-y)+3y=6 \\ 4x-3(y-x)=1 \end{cases}$

(6) $\begin{cases} 2x+y=4 \\ 0.3x+0.1y=0.7 \end{cases}$

(7) $\begin{cases} x+2y=10 \\ \dfrac{3}{4}x-\dfrac{1}{3}y=2 \end{cases}$

(8) $\begin{cases} 0.1x-0.3y=1 \\ 2x-\dfrac{y+2}{3}=8 \end{cases}$

3 方程式 $2x-y=6x+5y=8$ を解きなさい。知 7点

4 ある博物館の入館料は，おとな2人と中学生1人で2100円，おとな1人と中学生2人で1800円となります。おとな1人と中学生1人の入館料は，それぞれいくらですか。知 考

10点(完答)

点UP **5** 姉は持っていたお金の90%を，妹は持っていたお金の80%を，それぞれ出しあって，7700円の買い物をしました。2人の残ったお金をくらべたら，妹の方が300円多くなっていました。2人がはじめに持っていたお金は，それぞれいくらですか。知 考 10点(完答)

 成績評価の観点 知…数量や図形などについての知識・技能 考…数学的な思考・判断・表現

6 さとるさんの中学校の昨年の全校生徒数は，男子，女子合わせて620人でした。今年は，昨年と比べると，男子は6％増え，女子は5％減ったので，全体として2人増えました。次の問いに答えなさい。知 考

15点(各5点)

□(1) 昨年の男子，女子の生徒数を，それぞれx人，y人として連立方程式をつくりなさい。

□(2) 昨年の男子，女子の生徒数を，それぞれ求めなさい。

□(3) 今年の男子，女子の生徒数を，それぞれ求めなさい。

2章

点UP

7 ある列車が，1600mの鉄橋を渡りはじめてから渡り終わるまでに，60秒かかりました。また，この列車が，2500mのトンネルにはいりはじめてから出てしまうまでに，90秒かかりました。次の問いに答えなさい。知 考

12点((2)完答，各6点)

□(1) 列車の長さをxm，列車の速さを秒速ymとして，連立方程式をつくりなさい。

□(2) 列車の長さは何mですか。また，列車の速さは秒速何mですか。

<table>
<tr><td>1</td><td colspan="3"></td></tr>
<tr><td rowspan="3">2</td><td>(1) $(x,\ y)=($　　,　　$)$</td><td>(2) $(x,\ y)=($　　,　　$)$</td><td>(3) $(x,\ y)=($　　,　　$)$</td></tr>
<tr><td>(4) $(x,\ y)=($　　,　　$)$</td><td>(5) $(x,\ y)=($　　,　　$)$</td><td>(6) $(x,\ y)=($　　,　　$)$</td></tr>
<tr><td>(7) $(x,\ y)=($　　,　　$)$</td><td>(8) $(x,\ y)=($　　,　　$)$</td><td></td></tr>
<tr><td>3</td><td>$(x,\ y)=($　　,　　$)$</td><td colspan="2"></td></tr>
<tr><td>4</td><td colspan="3">おとな1人の入館料　　円，　中学生1人の入館料　　円</td></tr>
<tr><td>5</td><td colspan="2">姉　　円，　妹　　円</td><td></td></tr>
<tr><td rowspan="2">6</td><td rowspan="2">(1) {</td><td colspan="2">(2) 男子　　人，女子　　人</td></tr>
<tr><td colspan="2">(3) 男子　　人，女子　　人</td></tr>
<tr><td>7</td><td>(1) {</td><td colspan="2">(2) 列車の長さ　　m，　列車の速さ　秒速　　m</td></tr>
</table>

1 ／6点　2 ／40点　3 ／7点　4 ／10点　5 ／10点　6 ／15点　7 ／12点

[解答▶p.10-11]

Step 1 基本チェック　1節 一次関数とグラフ

15分

教科書のたしかめ　[ ]に入るものを答えよう！

❶ 一次関数　▶ 教 p.60-62　Step 2 ❶

解答欄

□(1) 次の式の中で，一次関数(いちじかんすう)であるといえるものは，[㋐，㋒]

㋐ $y=2x-1$　㋑ $y=\dfrac{6}{x}$　㋒ $y=\dfrac{1}{5}x$　㋓ $y=3x^2$

(1)

❷ 一次関数の値の変化　▶ 教 p.63-65　Step 2 ❷❸

□(2) 一次関数 $y=3x-4$ で，x の値が 2 から 5 まで変わるとき，
x の増加量は，[5]$-2=$[3]，
$x=2$ のとき $y=$[2]，$x=5$ のとき $y=$[11]だから，
y の増加量は，[11]$-2=$[9]である。

(2)

□(3) 一次関数 $y=2x+3$ の変化(へんか)の割合(わりあい)は[2]だから，x の増加量が 4 のときの y の増加量は，[2]$\times4=$[8]である。

(3)

❸ 一次関数のグラフ　▶ 教 p.66-71　Step 2 ❹❺

□(4) 一次関数 $y=3x+1$ のグラフは，直線 $y=3x$ に[平行]で，y 軸上の点 (0，[1]) を通る直線である。

(4)

❹ 一次関数の式を求めること　▶ 教 p.73-76　Step 2 ❻

□(5) y は x の一次関数で，そのグラフが点 (3，5) を通り，傾き(かたむき) 2 の直線であるとき，この一次関数の式を求めます。
傾きは 2 だから，求める一次関数の式を，$y=$[$2x+b$]……①
とする。この直線は，点 (3，5) を通るから，$x=3$，$y=5$ を①に代入すると，[5]$=2\times3+b$　よって，$b=$[-1]
したがって，求める式は，$y=$[$2x-1$]となる。

(5)

教科書のまとめ　___ に入るものを答えよう！

□ y が x の関数で，$y=3x$，$y=5x-2$ のように，y が x の一次式で表されるとき，y は x の 一次関数 であるという。

□ x の増加量に対する y の増加量の割合を， 変化の割合 といい，変化の割合$=\dfrac{y\text{の増加量}}{x\text{の増加量}}$で求めることができる。

□ 一次関数 $y=ax+b$ では，変化の割合は一定で，変化の割合$=$ a となる。

□ 直線 $y=ax+b$ で，a の値を，この直線の 傾き といい，y 軸との交点 $(0,\ b)$ の y 座標 b を，この直線の 切片 という。

Step 2 予想問題　1節 一次関数とグラフ

1ページ 30分

【一次関数】

1 次の(1)〜(5)について，y を x の式で表しなさい。また，y が x の一次関数であるものはどれですか。

□(1) 400ページの本を，x ページ読んだときの残り y ページ

(　　　　　　)

□(2) 30km の道のりを，時速 x km で走ったときにかかる時間 y 時間

(　　　　　　)

□(3) 底辺の長さが x cm，面積が $20\,\text{cm}^2$ の三角形の高さ y cm

(　　　　　　)

□(4) 1本150円のバラを x 本買って，200円のかごに入れたときの代金 y 円

(　　　　　　)

□(5) 1辺が x cm の正方形の面積 $y\,\text{cm}^2$

(　　　　　　)

一次関数であるもの(　　　　　　)

ヒント

1

$y=ax+b$ の形になるかどうかを調べて，一次関数であるかどうか判断します。

(2) $(時間)=\dfrac{(道のり)}{(速さ)}$ の関係を使います。

(3) 三角形の面積 $=\dfrac{1}{2}\times(底辺)\times(高さ)$

ミスに注意

$y=400-x$ は，$y=-x+400$ と変形できるので，一次関数であることに注意しましょう。

3章

【一次関数の値の変化①】

❷ 一次関数 $y=3x-2$ について，次の問いに答えなさい。

□(1) 下の表の空欄㋐～㋖に入る数を答えなさい。

x	…	-3	-2	-1	0	1	2	3	…
y	…	㋐	㋑	㋒	㋓	㋔	㋕	㋖	…

㋐（　　）㋑（　　）㋒（　　）㋓（　　）

㋔（　　）㋕（　　）㋖（　　）

□(2) x の値が -2 から 3 まで変わるとき，x の増加量，y の増加量，変化の割合をそれぞれ求めなさい。

x の増加量（　　），y の増加量（　　），

変化の割合（　　）

【一次関数の値の変化②】

❸ 一次関数 $y=-\frac{2}{3}x+3$ について，次の問いに答えなさい。

□(1) x の値が -3 から 6 まで変わるときの変化の割合を求めなさい。

（　　）

□(2) x の増加量が 6 のとき，y の増加量を求めなさい。

（　　）

【一次関数のグラフ①(傾きと切片)】

❹ 次の直線の傾きと切片を答えなさい。

□(1) $y=2x-5$

傾き（　　）

切片（　　）

□(2) $y=-\frac{2}{3}x+\frac{3}{4}$

傾き（　　）

切片（　　）

ヒント

❷

(1) x の値を1つずつ式に代入して計算しましょう。

(2) x の値が p から q まで変わるときの x の増加量は，$q-p$ で求めることができます。

❸

$y=ax+b$ において，

$$(\text{変化の割合})=\frac{(y\text{の増加量})}{(x\text{の増加量})}=a\ (\text{一定})$$

❹

直線 $y=ax+b$ では，a が傾き，b が切片です。

[解答▶p.12]

【一次関数のグラフ②】

よく出る

5 次の一次関数のグラフを，下の図にかきなさい。ただし，(5)は，x の変域をかっこ内に示しています。y の変域も求めなさい。

□(1) $y=2x-3$

□(2) $y=-x+3$

□(3) $y=\frac{3}{4}x-5$

□(4) $y=-1.5x-4$

□(5) $y=-\frac{1}{3}x+2$ $(-3 \leqq x \leqq 3)$

y の変域（　　　　）

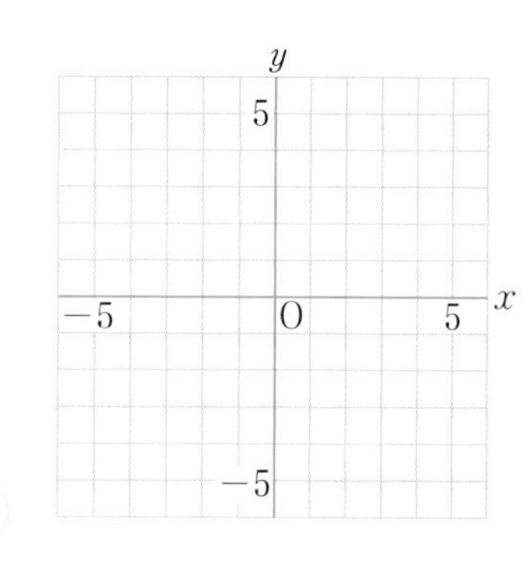

【一次関数の式を求めること】

点UP

6 次の一次関数の式を求めなさい。

□(1) グラフが，点 $(4,\ -1)$ を通り，傾き -2 の直線である。

（　　　　）

□(2) グラフが，点 $(-2,\ 2)$ を通り，$y=\frac{3}{2}x$ のグラフに平行な直線である。

（　　　　）

□(3) 変化の割合が 2 で，$x=-6$ のとき $y=-11$ である。

（　　　　）

□(4) x の増加量が 4 のときの y の増加量が -3 で，$x=8$ のとき $y=-3$ である。

（　　　　）

□(5) グラフが，2 点 $(-1,\ 3)$，$(2,\ 9)$ を通る直線である。

（　　　　）

□(6) $x=-2$ のとき $y=5$，$x=3$ のとき $y=-10$ である。

（　　　　）

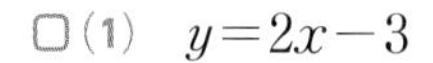

ヒント

5

切片が整数のときは，y 軸上の点を決めてから，傾きの値を利用してグラフをかきます。

(5)変域の部分は実線，変域にふくまれない部分は点線です。

テスト得ダネ

2通りのかき方
①傾きと切片を求めてかく。
② y が整数となるような適当な整数を x に選び，2点を求めてかく。

6

(1)(2)直線の式 $y=ax+b$ で，まず，傾き a の数値を代入した式をつくります。次に，直線が通る点の x 座標，y 座標の値を代入して，b を求めます。

(2)平行な2直線は傾きが等しくなります。

(3)（変化の割合）$=a$

(5)2点から，傾きを求めます。

テスト得ダネ

一次関数の式を求める問題はよく出題されるので，確実に求められるようにしておきましょう。

3章

Step 1 基本チェック 2節 一次関数と方程式 3節 一次関数の利用

15分

教科書のたしかめ ［ ］に入るものを答えよう！

2節 ❶ 方程式とグラフ

▶ 教 p.78-81 Step 2 ❶❷

解答欄

□ (1) 二元一次方程式 $3x+y=-4$ を y について解くと，$y=$［ $-3x-4$ ］

□ (2) 点 $(-3,\ 0)$ を通り，y 軸に平行な直線の式は，［ $x=-3$ ］，
点 $(0,\ 4)$ を通り，x 軸に平行な直線の式は，［ $y=4$ ］である。

2節 ❷ 連立方程式とグラフ

▶ 教 p.82-83 Step 2 ❸-❺

□ (3) 連立方程式 $\begin{cases} x+3y=6 & \cdots\cdots① \\ 2x-y=5 & \cdots\cdots② \end{cases}$ で，①のグラフは，図の［ ㋐ ］，②のグラフは，［ ㋑ ］で表される。したがって，グラフを利用して連立方程式の解を求めると，$\begin{cases} x=[\ 3\ ] \\ y=[\ 1\ ] \end{cases}$

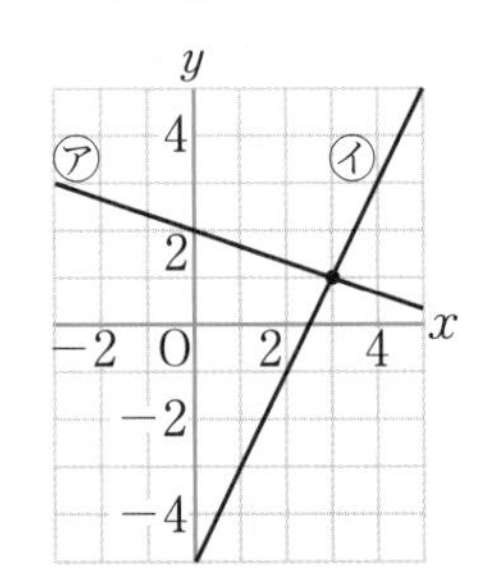

□ (4) 2つのグラフ $x+y=5$ …①，$2x-y=4$ …② の交点の x 座標は，
①＋② より，$3x=9$ $x=$［ 3 ］
これを ① に代入して，$3+y=5$ $y=$［ 2 ］
したがって，交点の座標は（［ 3 ］，［ 2 ］）となる。

3節 一次関数の利用

▶ 教 p.84-88 Step 2 ❻-⓬

□ (5) Aさんは，家から600m離れた公園へ行く。右の図は，家を出発してから x 分後に，Aさんがいる地点から公園までの道のりを y m として，グラフに表したものである。Aさんが公園に着くのは，y の値が0になる［ 12 ］分後。
また，この直線は，2点 $(0,\ 600)$，$(12,\ 0)$ を通るから，
$y=$［ $-50x+600$ ］…① ($0 \leqq x \leqq$［ 12 ］）と表すことができる。
よって，7分後にAさんがいる地点から公園までの道のりは，
$x=7$ を ① に代入して，$y=-50\times$［ 7 ］$+600=$［ 250 ］(m)

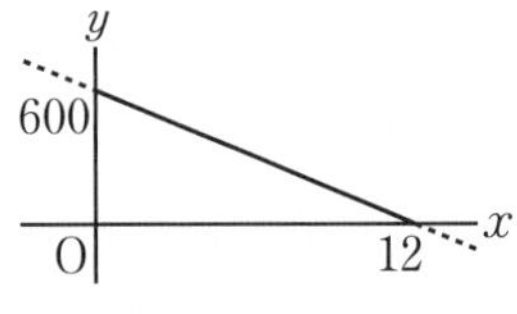

教科書のまとめ ＿＿に入るものを答えよう！

□ 二元一次方程式 $ax+by=c$ のグラフは 直線 で，a，b が0でないとき，y について解くことで，y は x の 一次関数 とみることができる。

□ $y=k$ のグラフは，点 $(0,\ k)$ を通り，x 軸 に平行な直線である。$x=h$ のグラフは，点 $(h,\ 0)$ を通り，y 軸 に平行な直線である。

Step 2 予想問題　2節 一次関数と方程式　3節 一次関数の利用

1ページ 30分

【方程式とグラフ①】

1 次の方程式を(1)～(5)は y について解き，(6)は適当な形に変形して，そのグラフをかきなさい。

□(1) $x-y=4$ (　　　)

□(2) $2x+3y=0$ (　　　)

□(3) $2x+y-1=0$ (　　　)

□(4) $x-3y=6$ (　　　)

□(5) $2y-10=0$ (　　　)

□(6) $3x=-12$ (　　　)

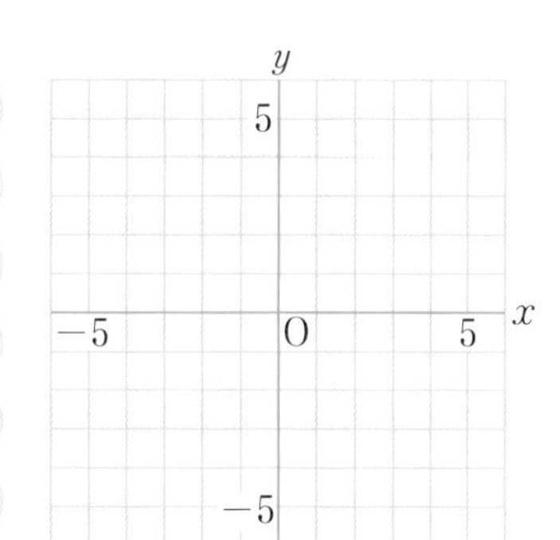

【方程式とグラフ②】

2 次の方程式で表される直線を，右の図の㋐～㋔から選びなさい。

□(1) $x+3y=-6$ (　　　)

□(2) $2x-12=0$ (　　　)

□(3) $3x-y-5=0$ (　　　)

□(4) $4x-2y=0$ (　　　)

□(5) $y+4=0$ (　　　)

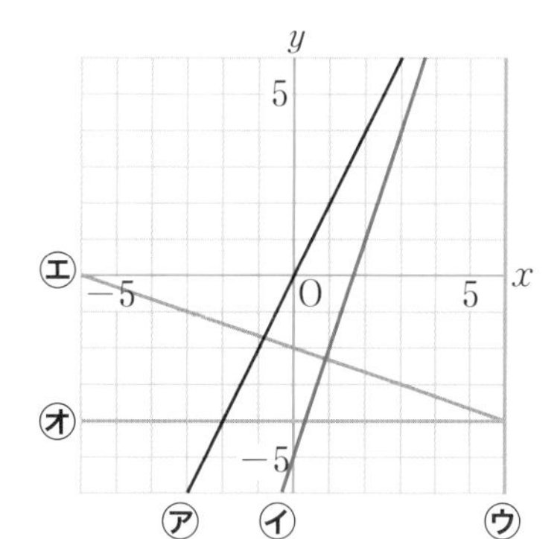

【連立方程式とグラフ①】

3 次の連立方程式の解を，グラフを使って解きなさい。

□(1) $\begin{cases} 2x+y=5 \\ y=2x-3 \end{cases}$

□(2) $\begin{cases} 2x-3y=12 \\ x+y=1 \end{cases}$

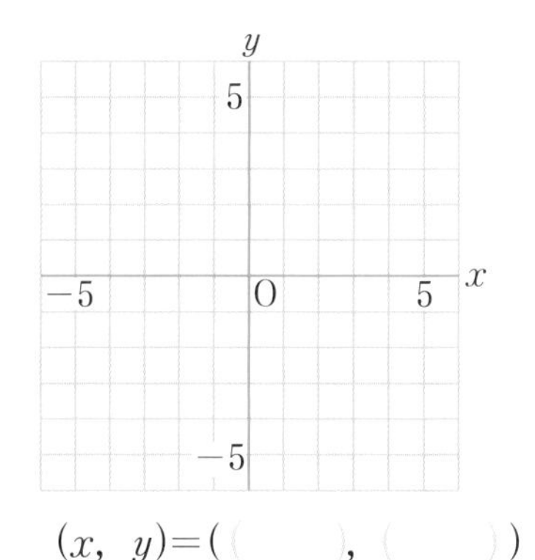

$(x,\ y)=($　　　，　　　$)$

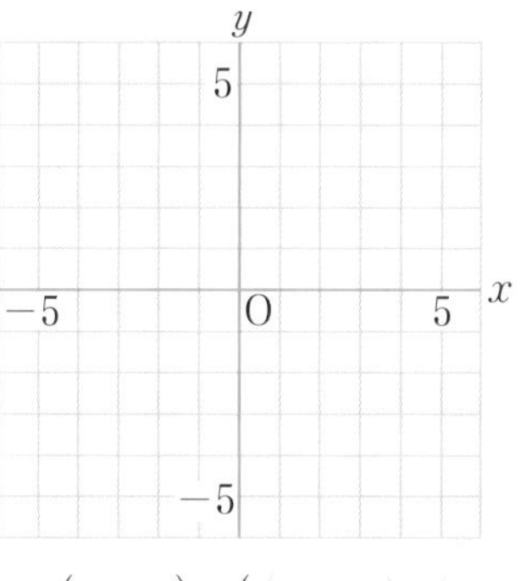

$(x,\ y)=($　　　，　　　$)$

ヒント

1
$y=ax+b$ の形に変形し，傾きと切片からグラフをかきます。また，グラフが通る2点の座標を求めてかくこともできます。

テスト得ダネ
$y=ax+b$ の形の式のグラフは，まず y 軸上の点 $(0,\ b)$ をとり，次に傾き a を利用してかきましょう。

2
$y=ax+b$ の形に変形し，傾きと切片を調べ，グラフから読みとれる傾きや切片とくらべます。

3
2つの方程式を，$y=ax+b$ の形に変形して，グラフをかきましょう。グラフの交点の座標が，連立方程式の解となります。

【連立方程式とグラフ②】

よく出る

4 点 A(3, −3)，点 B(4, 4) があります。点 A を通り，傾きが $-\frac{1}{2}$ の直線 ℓ と，点 B を通り，傾きが 2 の直線 m をひき，交点を P とします。次の問いに答えなさい。

□(1) 直線 ℓ の式を求めなさい。

(　　　　)

□(2) 直線 m の式を求めなさい。

(　　　　)

□(3) 交点 P の座標を求めなさい。

P(　　,　　)

【連立方程式とグラフ③】

5 右の図について，次の問いに答えなさい。

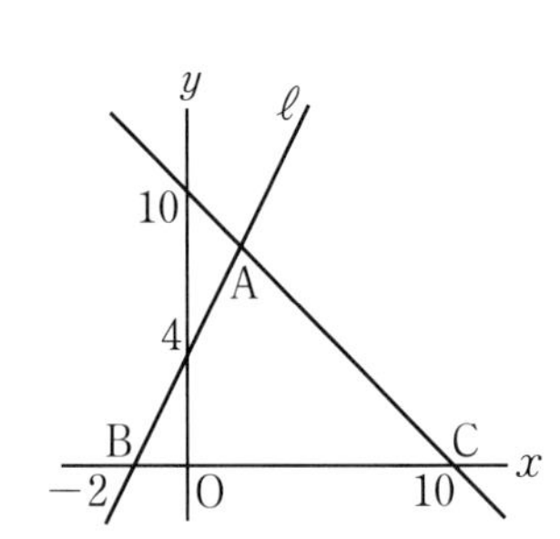

□(1) 直線 ℓ の式を求めなさい。

(　　　　)

□(2) 交点 A の座標を求めなさい。

A(　　,　　)

□(3) △ABC の面積を求めなさい。

(　　　　)

【一次関数の利用①】

点UP

6 音の速さは，気温が 15 ℃のとき秒速 340 m で，気温が 1 ℃上がるごとに秒速 0.6 m ずつ速くなります。次の問いに答えなさい。

□(1) 気温が 20 ℃のときの音の速さを求めなさい。

(　　　　)

□(2) 気温が x ℃のときの音の速さを秒速 y m として，y を x の式で表しなさい。

(　　　　)

□(3) けいたさんは，雷の光を見てから 5 秒後にゴロゴロという音を聞きました。このときの気温は 25 ℃でした。けいたさんのいた場所と雷の光った場所との間の距離を求めなさい。

(　　　　)

ヒント

4
(1)(2)与えられた点の座標と傾きをもとに，切片を求めます。
(3)(1)，(2)で求めた 2 つの式を連立方程式とみて解きます。

5
(1) y 軸との交点の y 座標は，その直線の切片です。
(3)底辺を BC とすると，高さは点 A の y 座標です。

テスト得ダネ
x 軸に平行な線分の長さは両端の x 座標を，y 軸に平行な線分の長さは両端の y 座標をくらべて求めましょう。

6
(2) $y=ax+b$ の a の値は，x の値が 1 増加したときの y の増加量です。
(3)まず，(2)より 25 ℃のときの音の速さを求めます。

[解答▶p.14]

【一次関数の利用②】

よく出る

7 あるタクシー会社のタクシー料金は，走行距離が 2km 以上では，走行距離に比例する料金と一定料金との和になります。この会社のタクシーに 5km 乗ると 1400円，12km 乗ると 3150円でした。次の問いに答えなさい。

□(1) $x$km 乗ったときのタクシー料金を y 円として，y を x の式で表しなさい。ただし，$x \geqq 2$ とします。

□(2) 10km 乗ると，タクシー料金はいくらになりますか。

ヒント

7
(1)求める式を $y=ax+b$ として，x，y に数値を代入し，連立方程式を解いて a，b を求めます。
(2)(1)で求めた式に $x=10$ を代入します。

【一次関数の利用③】

8 長さ 20cm のろうそくに火をつけると，時間とともに一定の割合でろうそくは短くなり，18分後には長さが 12cm になりました。火をつけてから x 分後のろうそくの長さを $y$cm として，次の問いに答えなさい。

□(1) y を x の式で表しなさい。

□(2) x と y の関係をグラフに表しなさい。

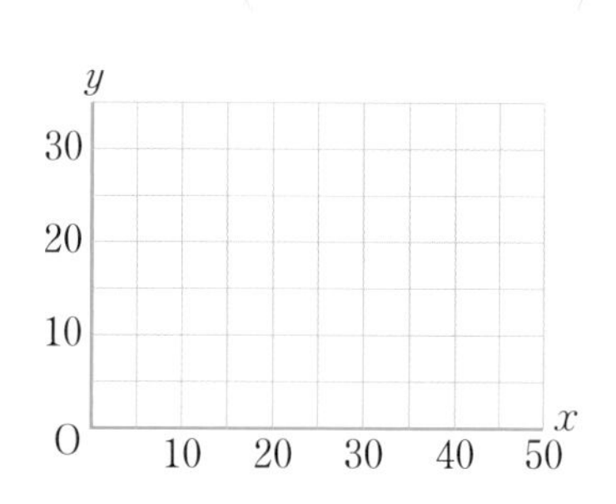

□(3) 36分後のろうそくの長さを求めなさい。

8
(1)x の変域は，ろうそくが燃えつきるまで何分かかるかで考えましょう。

ミスに注意
x が時間や長さなどを表す場合は，変域に注意しましょう。

3章

【一次関数の利用④(ばねののび)】

9 ばねののびは，つるしたおもりの重さに比例します。右下のグラフは，xg のおもりをつるしたときのばね A，B の長さを $y$mm として表したものです。ばね A，B は，10g のおもりをつるすと，それぞれ 6mm，2mm のびるものとして，次の問いに答えなさい。

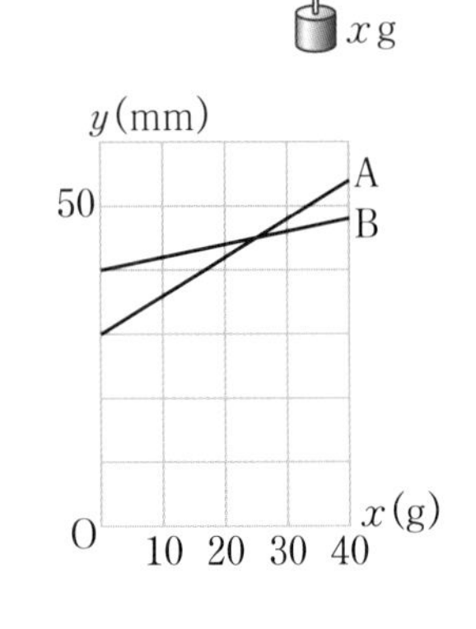

□(1) 何もつるさないときのばね A，B の長さは何mm ですか。

ばねA (　　　　　　)
ばねB (　　　　　　)

□(2) 2つのばねの長さが等しくなるのは，何gのおもりをつるしたときですか。また，そのときのばねの長さは何mm ですか。

おもりの重さ (　　　　　　)，ばねの長さ (　　　　　　)

ヒント

9
(1)グラフ A，B で，$x=0$ のときの y の値をそれぞれ読み取ります。
(2)$y=ax+b$ の形の式をそれぞれつくり，連立方程式として解きます。傾きの a は，おもり 1g あたりのばねののびを表します。

【一次関数の利用⑤(点の移動①)】

10 右の図のような台形 ABCD があり，点 P は辺 AD 上を D から A まで移動します。PD の長さを $x$cm，多角形 ABCP の面積を $y$cm^2 とするとき，次の問いに答えなさい。

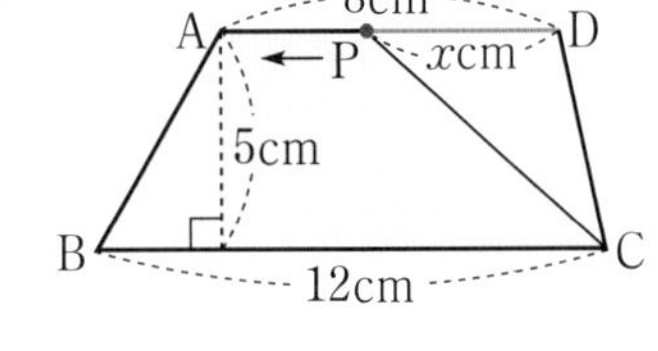

□(1) y を x の式で表しなさい。

(　　　　　　)

□(2) y の変域を答えなさい。

(　　　　　　)

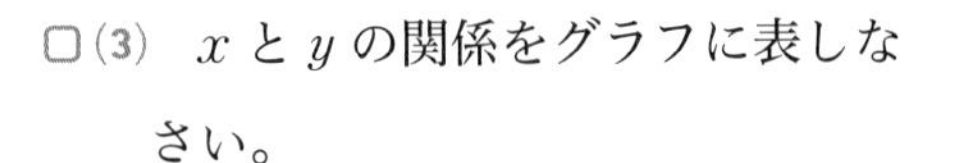

□(3) x と y の関係をグラフに表しなさい。

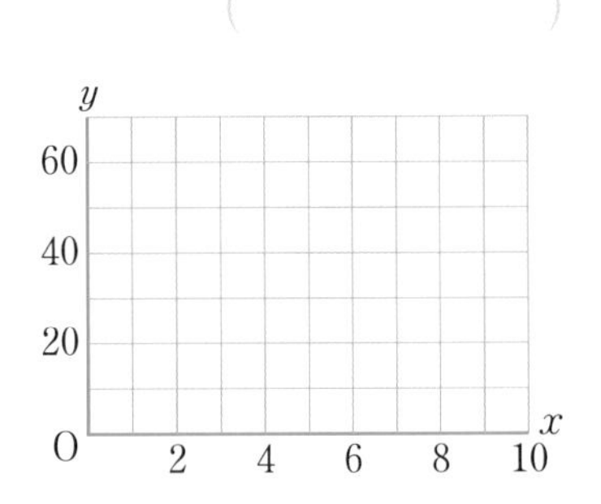

10
(1)AP$=8-x$(cm)です。
台形の面積 S は，上底を a，下底を b，高さを h とすると，
$S=\frac{(a+b)h}{2}$ です。

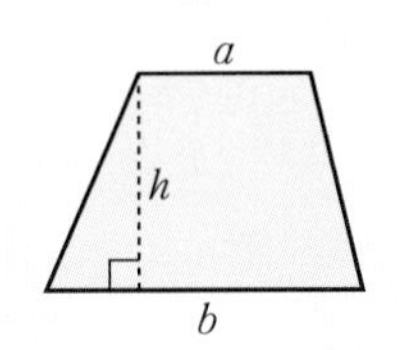

[解答▶p.14-15]

【一次関数の利用⑥（点の移動②）】

よく出る

⑪ 右の図のように，$AC=4\text{cm}$，$BC=6\text{cm}$，$\angle ACB=90^\circ$の直角三角形があります。$\triangle ABC$の周上を，点Pは秒速1cmで，BからCを通ってAまで動きます。点PがBを出発してからx秒後の$\triangle ABP$の面積を$y\text{cm}^2$とするとき，次の問いに答えなさい。

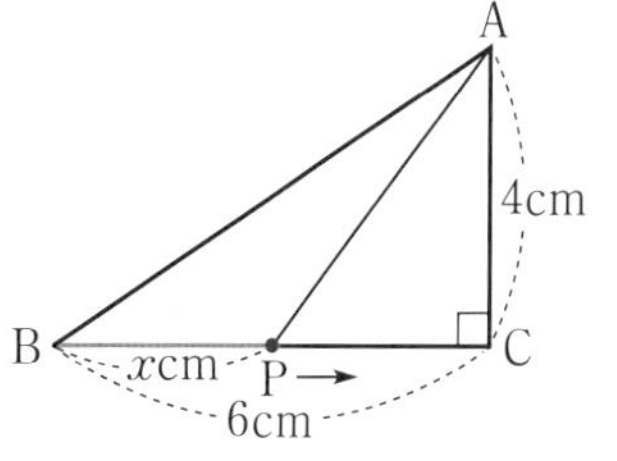

□(1) 点Pが辺BC上にあるとき，yをxの式で表しなさい。

（　　　　）

□(2) 点Pが辺CA上にあるとき，yをxの式で表しなさい。

（　　　　）

□(3) xとyの関係をグラフに表しなさい。

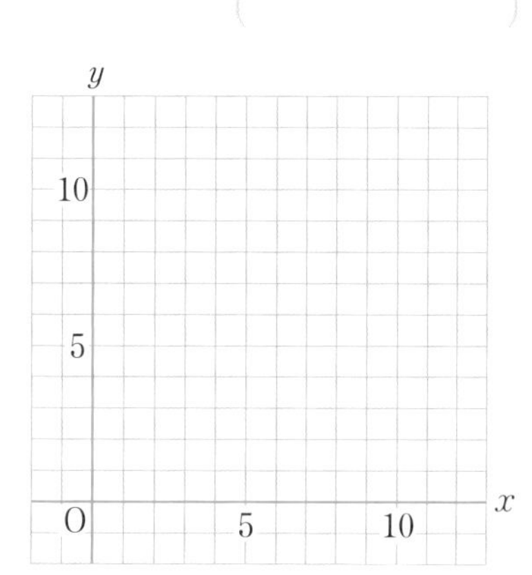

□(4) $y=8$となるときのxの値をすべて求めなさい。

（　　　　）

【一次関数の利用⑦（すれ違った時刻）】

よく出る

⑫ 右の図は，Aさんが8時に家を出発して12km離れた駅まで自転車で行くとき，途中で駅から自動車で帰ってくる父とすれ違ったようすを表しています。ただし，Aさんと父は8時からx分後に，家から$y$kmの地点にいるものとします。次の問いに答えなさい。

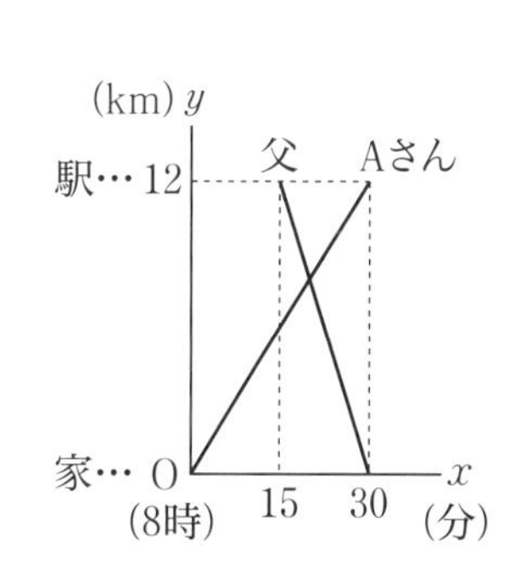

□(1) Aさんと父のそれぞれについて，yをxの式で表しなさい。

Aさん（　　　　），父（　　　　）

□(2) Aさんが父とすれ違った時刻と場所を求めなさい。

時刻（　　　　），場所（　　　　）

ヒント

⑪

(1)点PがBC上にあるとき，$\triangle ABP$の底辺をBPとすると，高さは常に4cmです。

(2)PAを底辺として考えましょう。
x秒後の点Pは，$BC+CP=x$(cm)の位置にあります。

ミスに注意
点Pが辺CA上にあるとき，$PA=4-x$ではないので注意しましょう。

(4)グラフに$y=8$の直線をひくと，交点の個数からxの値の個数を知ることができます。

⑫

(2)2つのグラフの交点のx座標から，すれ違った時刻が，y座標から，すれ違った場所がそれぞれ求められます。

テスト得ダネ
速さ，時間，道のりに関する問題はよく出題されます。数量の関係をしっかりつかんでおきましょう。

3章

［解答▶p.15］

Step 3 予想テスト 3章 一次関数

30分 /100点 目標 80点

1 右の表は，一次関数 $y=3x+2$ で，対応する x，y の値を求めたものです。表の空欄㋐〜㋒にあてはまる数を答えなさい。知 12点(各4点)

x	-3	-2	-1	0	1	…	㋒
y	-7	㋐	-1	2	㋑	…	32

2 次の一次関数や方程式のグラフを，解答欄の図にかきなさい。知 20点(各4点)

□(1) $y=3x-5$　□(2) $y=-\frac{2}{3}x+1$　□(3) $3x-4y=8$

□(4) $5y-20=0$　□(5) $-3x=18$

3 次の一次関数の式を求めなさい。知 12点(各4点)

□(1) 変化の割合が3で，$x=2$ のとき $y=3$ である。

□(2) グラフが，直線 $y=-2x+5$ に平行で，点 $(5,\ -3)$ を通る直線である。

□(3) グラフが，2点 $(1,\ -3)$，$(-2,\ 1)$ を通る直線である。

4 一次関数 $y=x-5$ と $y=-\frac{1}{2}x+4$ で表される直線をそれぞれ ℓ，m とします。直線 ℓ と y 軸との交点をP，直線 m と y 軸との交点をQ，直線 ℓ と直線 m との交点をRとするとき，次の問いに答えなさい。知 12点(各3点)

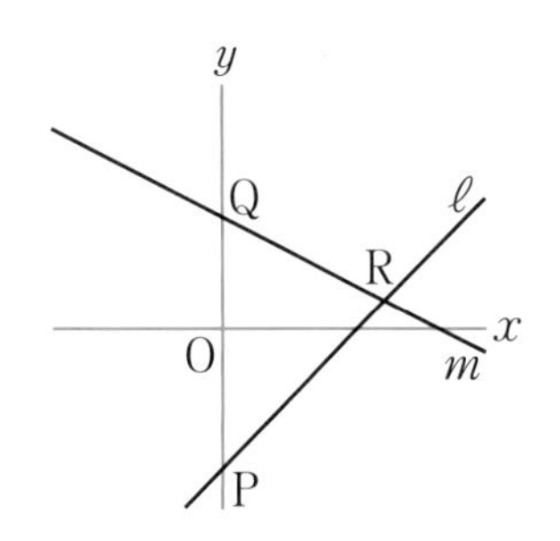

□(1) 点P，Q，Rの座標をそれぞれ求めなさい。

□(2) △PQRの面積を求めなさい。

5 ある電話会社には，右の表のような料金プランがあります。1か月の使用料は，月額基本使用料と通話料の和です。1か月に x 分通話したときの使用料を y 円とするとき，次の問いに答えなさい。考 24点(各4点)

	月額基本使用料	1分ごとの通話料
Aプラン	3000円	40円
Bプラン	2500円	50円

□(1) Aプランで，1か月に30分通話したとき，使用料はいくらになりますか。

□(2) Aプラン，Bプランのそれぞれについて，x と y の関係を式に表しなさい。

□(3) Aプラン，Bプランのそれぞれについて，x と y の関係をグラフに表しなさい。

□(4) 1か月に何分より多く通話すると，Aプランの方が，Bプランより安くなりますか。

❻ 右の図のような長方形 ABCD の周上を，点 P は，秒速 1 cm で，B から C，D を通って A まで動きます。点 P が B を出発してから x 秒後の △ABP の面積を y cm^2 とするとき，次の問いに答えなさい。考

20 点（各 4 点）

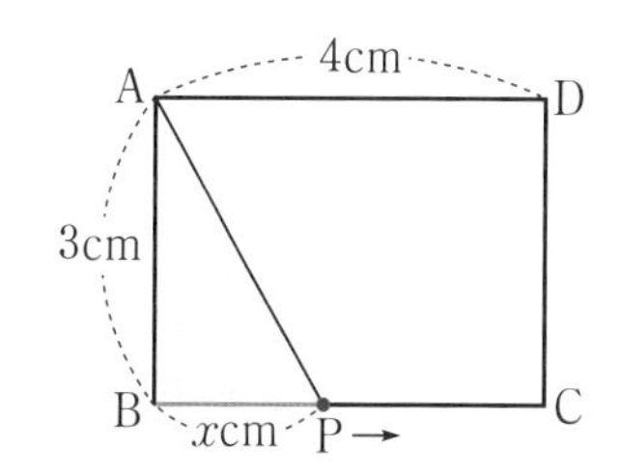

□(1) 点 P が辺 BC 上にあるとき，y を x の式で表し，x の変域を求めなさい。

□(2) 点 P が辺 CD 上にあるとき，y を x の式で表し，x の変域を求めなさい。

□(3) 点 P が辺 DA 上にあるとき，y を x の式で表し，x の変域を求めなさい。

□(4) x と y の関係をグラフに表しなさい。

□(5) $y=4$ となるときの x の値をすべて求めなさい。

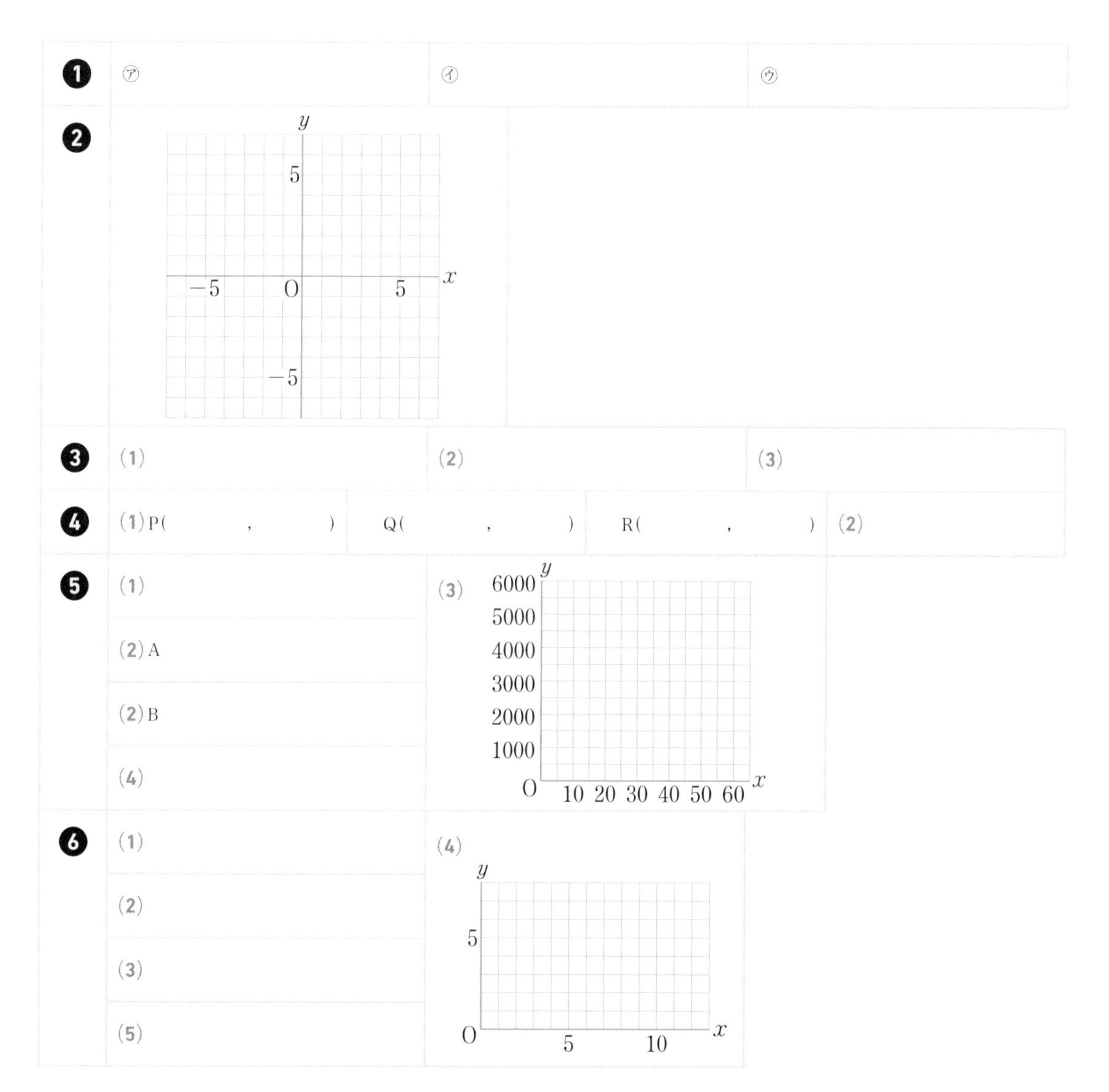

❶ ／12点 ❷ ／20点 ❸ ／12点 ❹ ／12点 ❺ ／24点 ❻ ／20点

［解答 ▶ p.16］

Step 1 基本チェック　1節 平行と合同

15分

教科書のたしかめ　[　]に入るものを答えよう！

1 角と平行線　▶ 教 p.96-100　Step 2 ❶❷

解答欄

□(1) 右の図で $\ell /\!/ m$ のとき，平行線の[錯角]は等しいので，$\angle x$ の大きさは，$\angle x$＝[70°]

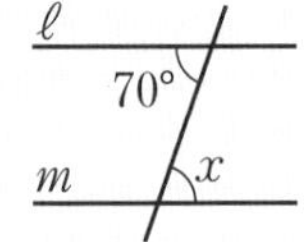

(1)

2 多角形の角　▶ 教 p.101-107　Step 2 ❸-❾

□(2) 右の図で，三角形の１つの外角（がいかく）は，そのとなりにない２つの[内角]の和に等しいので，$\angle x$ の大きさは，$\angle x$＝50°＋[75°]＝[125°]

(2)

□(3) 十七角形の内角の和は，180°×(17－[2])＝[2700°]

(3)

□(4) 正十八角形の１つの内角の大きさについて，
１つの外角の大きさが，[360°]÷18＝[20°]だから，
１つの内角の大きさは，[180°]－20°＝[160°]

(4)

□(5) 内角の和が 1800°である多角形は[十二角形]である。

(5)

□(6) １つの外角が 36°である正多角形は，正[十]角形である。

(6)

3 三角形の合同　▶ 教 p.108-111　Step 2 ❿

□(7) 右の図で，合同な三角形の組を，記号≡を使って表すと，
[△ABC≡△DEF]
そのとき使った合同条件は，
[1組の辺とその両端の角]が，それぞれ等しい。

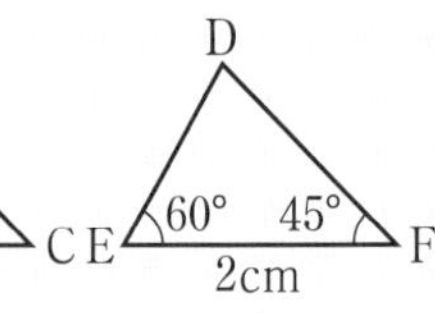

(7)

教科書のまとめ　＿＿に入るものを答えよう！

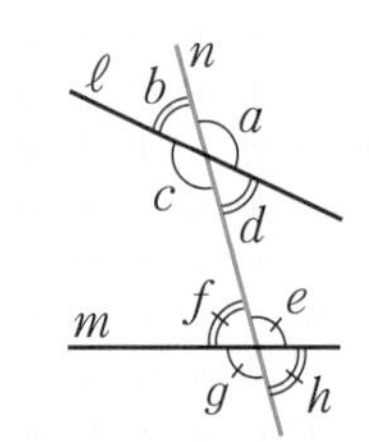

□右の図で，$\angle a$ と $\angle c$ のように向かいあっている角を，対頂角 といい，対頂角 は等しい。また，$\angle a$ と $\angle e$ のような位置にある２つの角を 同位角，$\angle d$ と $\angle f$ のような位置にある２つの角を 錯角 という。

□ 0°より大きく 90°より小さい角を 鋭角，90°より大きく 180°より小さい角を 鈍角 という。

□ n 角形の内角の和は，$180°\times(n-2)$，多角形の外角の和は，360° である。

□**合同な図形の性質**　合同な図形では，対応する 線分 の長さや 角 の大きさはそれぞれ等しい。

□**三角形の合同条件は**　２つの三角形は，次のどれかが成り立つとき合同である。

① 3組の辺 が，それぞれ等しい。　② 2組の辺とその間の角 が，それぞれ等しい。

③ 1組の辺とその両端の角 が，それぞれ等しい。

Step 2 予想問題　1節 平行と合同

1ページ 30分

【角と平行線①(対頂角，同位角，錯角)】

❶ 右の図について，次の問いに答えなさい。

□(1) $\angle b$ の対頂角，同位角をそれぞれ答えなさい。

対頂角（　　　），同位角（　　　）

□(2) 錯角となる角の組をすべて答えなさい。

（　　　　　）

□(3) $\ell /\!/ m$ のとき，$\angle c$ と等しい角をすべて答えなさい。

（　　　　　）

❶

(3)対頂角，同位角，錯角が等しくなります。

ミスに注意

2直線が平行でなくても同位角や錯角はあります。2直線が平行なとき，同位角や錯角は等しくなります。

【角と平行線②】

よく出る

❷ 次の図で，$\ell /\!/ m$，$k /\!/ n$ のとき，$\angle x$ の大きさを求めなさい。

□(1)

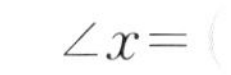

$\angle x=$（　　　）

□(2)

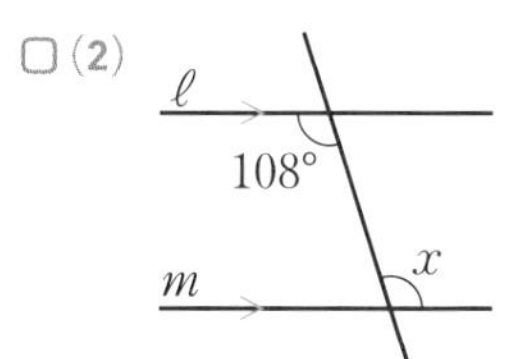

$\angle x=$（　　　）

□(3)

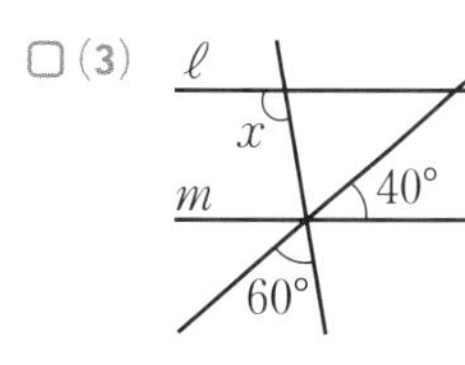

$\angle x=$（　　　）

□(4)

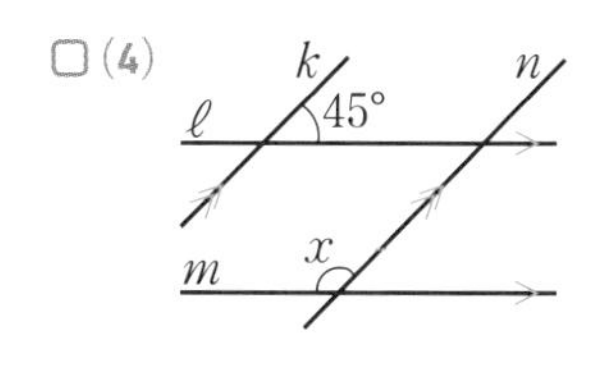

$\angle x=$（　　　）

□(5)

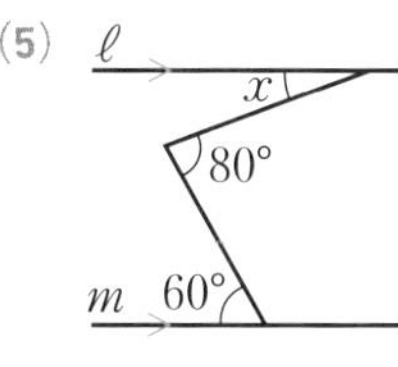

$\angle x=$（　　　）

□(6)

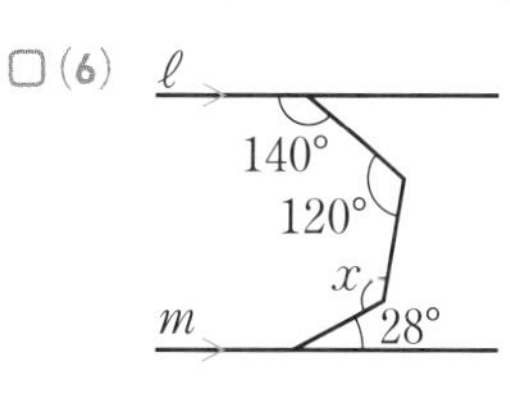

$\angle x=$（　　　）

❷

(5)(6)折れ線の頂点を通り，ℓ，m に平行な直線をひきます。

テスト得ダネ

平行線がある場合，同位角，錯角が等しいことに注目しましょう。

【多角形の角①(三角形の内角と外角)】

よく出る

❸ 次の図で，$\angle x$，$\angle y$ の大きさを求めなさい。

□(1)

$\angle x=$（　　　）

□(2)

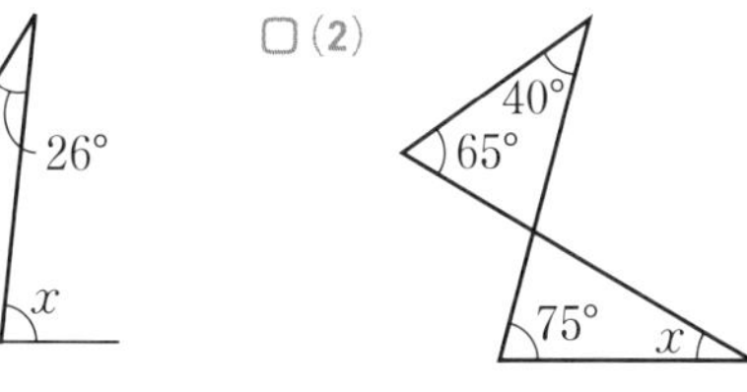

$\angle x=$（　　　）

□(3)

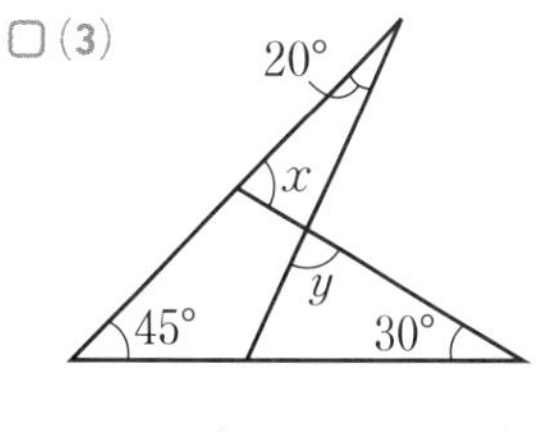

$\angle x=$（　　　）

$\angle y=$（　　　）

❸

三角形の内角と外角の関係について考えます。

テスト得ダネ

三角形の1つの外角は，そのとなりにない2つの内角の和に等しくなります。

【多角形の角②(平行線と三角形の内角，外角)】

❹ 次の図で，$\ell /\!/ m$ のとき，$\angle x$ の大きさを求めなさい。

□(1)
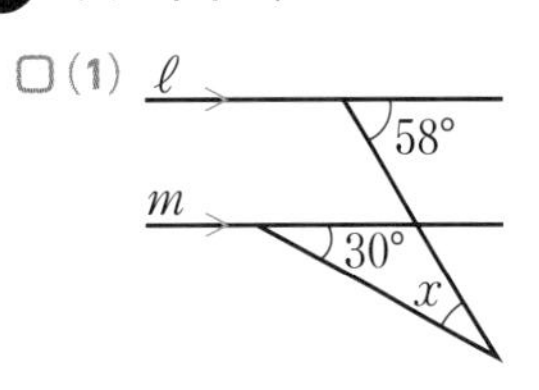

□(2)
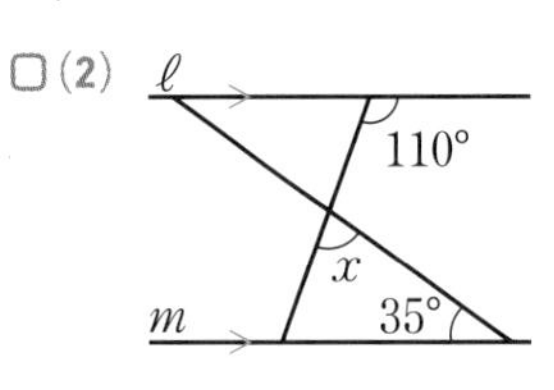

□(3)
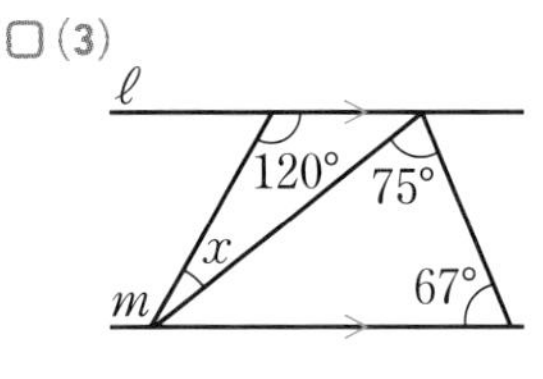

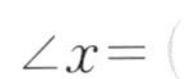

$\angle x=$(　　　)　$\angle x=$(　　　)　$\angle x=$(　　　)

【多角形の角③(三角形の種類)】

❺ 三角形で，2つの内角が次のような大きさのとき，その三角形は，鋭角三角形，直角三角形，鈍角三角形のどれになりますか。

□(1)　60°，10°　□(2)　40°，50°　□(3)　50°，60°

(　　　)　(　　　)　(　　　)

【多角形の角④(多角形の内角と外角①)】

❻ 次の問いに答えなさい。

□(1)　内角の和が1620°である多角形は何角形ですか。

(　　　)

□(2)　正十五角形の1つの内角の大きさは何度ですか。

(　　　)

□(3)　1つの外角の大きさが40°である正多角形は正何角形ですか。

(　　　)

□(4)　1つの内角の大きさが，その外角の5倍となるような正多角形は正何角形ですか。

(　　　)

【多角形の角⑤(多角形の内角と外角②)】

❼ 次の図で，$\angle x$ の大きさを求めなさい。

□(1)
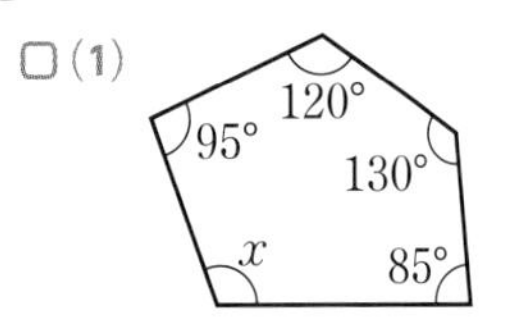

□(2)
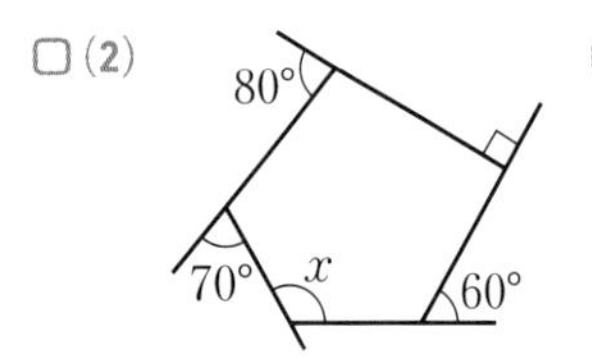

□(3)
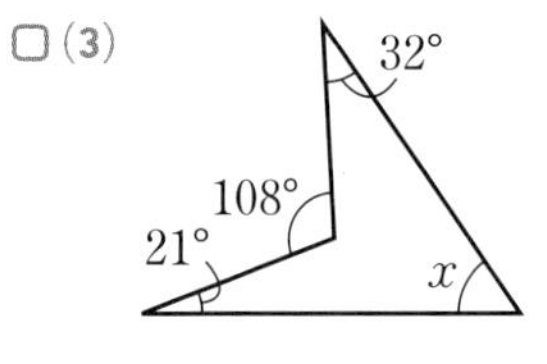

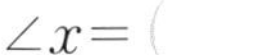

$\angle x=$(　　　)　$\angle x=$(　　　)　$\angle x=$(　　　)

ヒント

❹
同位角または錯角，三角形の内角と外角の関係などを使って解きます。

❺
残り1つの内角の大きさを求めて考えます。

❻
n 角形の内角の和は $180°\times(n-2)$ で求められます。外角の和はつねに360°となります。

ミスに注意
n 角形の内角の和は，180°に n ではなく $n-2$ をかけます。$180°\times(n-2)$ です。

❼
(3)下の図で，$\angle d=\angle a+\angle b+\angle c$ となります。

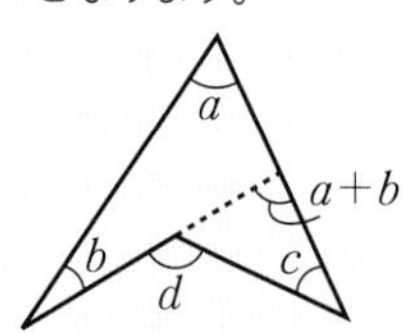

[解答▶p.17-18]

【多角形の角⑥（多角形の内角と外角③）】

点UP

8 次の図で，印をつけた角の大きさの和を求めなさい。

□(1) □(2) □(3)

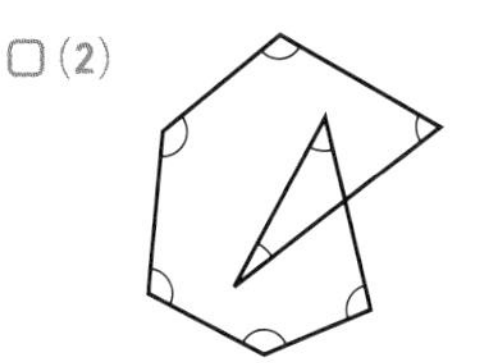

（　　　）（　　　）（　　　）

ヒント

8
三角形の内角と外角の関係や，多角形の内角や外角の和をうまく利用しましょう。
(2)補助線をひいて六角形をつくります。

【多角形の角⑦（多角形の内角と外角④）】

9 次の図で，同じ印をつけた角の大きさが等しいとき，$\angle x$ の大きさを求めなさい。

□(1) □(2) □(3)

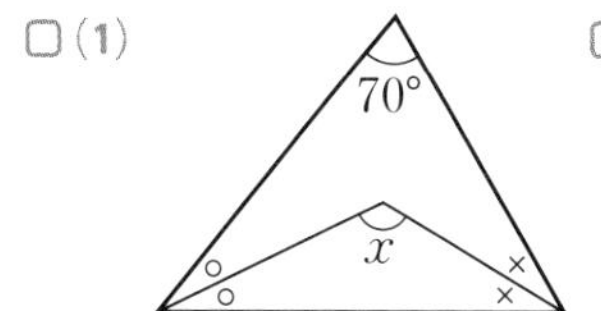

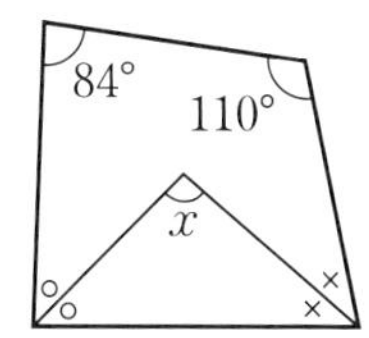

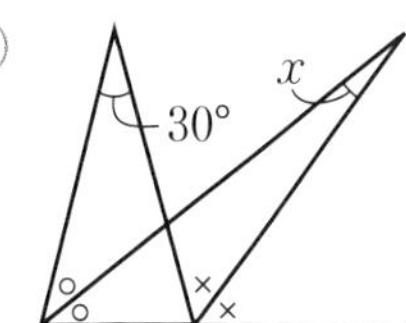

$\angle x=$（　　　）　$\angle x=$（　　　）　$\angle x=$（　　　）

9
(1)(2)○と×の和が何度になるかを求めます。
(3)○と×の差が何度になるかを求めます。

ミスに注意
○や×がそれぞれ何度になるかはわからないので，注意しましょう。

【三角形の合同】

10 □ 次の㋐～㋕の三角形について，合同な三角形の組に分け，記号で答えなさい。また，そのとき使った合同条件を次の①～③から選んで答えなさい。

合同条件　①　3組の辺が，それぞれ等しい。
　　　　　②　2組の辺とその間の角が，それぞれ等しい。
　　　　　③　1組の辺とその両端の角が，それぞれ等しい。

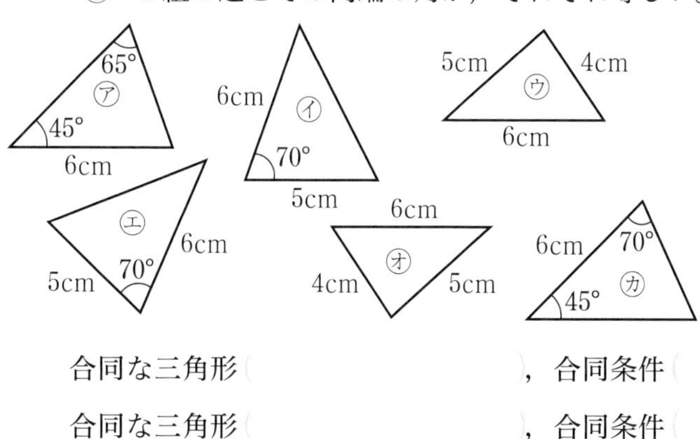

合同な三角形（　　　　　　），合同条件（　　）
合同な三角形（　　　　　　），合同条件（　　）
合同な三角形（　　　　　　），合同条件（　　）

10
合同条件にあてはめて考えます。対称移動（裏返す）させて重ね合わせることができる三角形もあります。
㋐の三角形は，残り1つの角の大きさを求めて考えます。

テスト得ダネ
三角形で，2つの角がわかると，もう1つの角も求められることに着目しましょう。

Step 1 基本チェック 2節 証明

15分

教科書のたしかめ [ ]に入るものを答えよう！

❶ 証明とそのしくみ

▶ 教 p.113-116 Step 2 ❶

解答欄

□ (1) 次の①～③のことがらで，仮定(かてい)と結論(けつろん)をいいなさい。

① △ABC≡△DEF ならば，∠BAC＝∠EDF である。

仮定[△ABC≡△DEF]，結論[∠BAC＝∠EDF]

② △ABC において，AB＝AC ならば，∠B＝∠C である。

仮定[AB＝AC]，結論[∠B＝∠C]

③ x が 9 の倍数ならば，x は 3 の倍数である。

仮定[x が 9 の倍数]，結論[x は 3 の倍数]

(1)

❷ 証明の進め方

▶ 教 p.117-119 Step 2 ❷❸

□ (2) 右の図で，PA＝QB，∠PAB＝∠QBA ならば，PB＝QA であることを証明(しょうめい)しなさい。

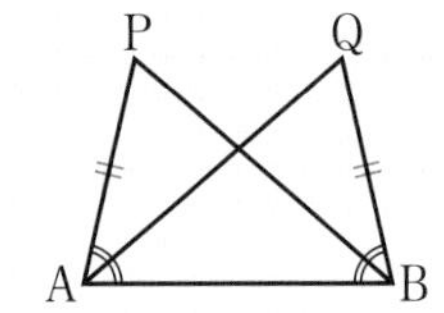

仮定[PA＝QB]，[∠PAB＝∠QBA]

結論[PB＝QA]

証明 △PAB と △QBA で，

仮定より，PA＝[QB] ……①

∠PAB＝[∠QBA] ……②

AB は，2 つの三角形に[共通]な辺だから，

AB＝BA ……③

①，②，③から，[2 組の辺とその間の角]が，それぞれ等しいので，

△PAB≡△[QBA]

[合同な図形]では，対応する辺の長さは等しいので，

PB＝[QA]

(2)

教科書のまとめ ＿＿ に入るものを答えよう！

□ ことがらが，「P ならば Q である」と表されているとき，P の部分を 仮定 ，Q の部分を 結論 という。

□ すでに正しいと認められていることがらを根拠(こんきょ)として， 仮定 から 結論 を導くことを 証明 という。

□ 証明のしくみ　一般に，次のようになっている。

① 仮定 から出発し，

② すでに正しいと認められたことがらを 根拠 に使って，

③ 結論 を導く。

Step 2 予想問題　2節 証　明

【証明とそのしくみ】

❶ 次のことがらについて，仮定と結論を答えなさい。

□(1)　△ABC≡△DEF ならば，∠ABC＝∠DEF である。

仮定（　　　　　　　　），結論（　　　　　　　　）

□(2)　2 直線が平行ならば，同位角は等しい。

仮定（　　　　　　　　），結論（　　　　　　　　）

【証明の進め方①】

❷ 正三角形 ABC の辺 AB，BC 上に点 D，E を，AD＝BE となるようにとります。このとき，AE＝CD であることを次のように証明しました。（　）にあてはまるものを答えなさい。ただし，(5)には，三角形の合同条件が入ります。

証明 △ABE と △CAD で，

仮定より，　BE＝（□(1)　　　　）……①

△ABC は正三角形だから，

AB＝（□(2)　　　　）……②

∠ABE＝∠（□(3)　　　　）＝（□(4)　　　　）°……③

①，②，③ から，（□(5)　　　　　　　　）ので，

△ABE≡△（□(6)　　　　）

合同な図形では，対応する辺の長さは等しいので，

AE＝（□(7)　　　　）

【証明の進め方②】

❸ □ 右の図のように，平行な 2 直線 ℓ，m の ℓ 上に点 A，P を，m 上に点 B，Q を AP＝BQ となるようにとります。AB と PQ との交点を O とすると，AO＝BO となることを証明しなさい。

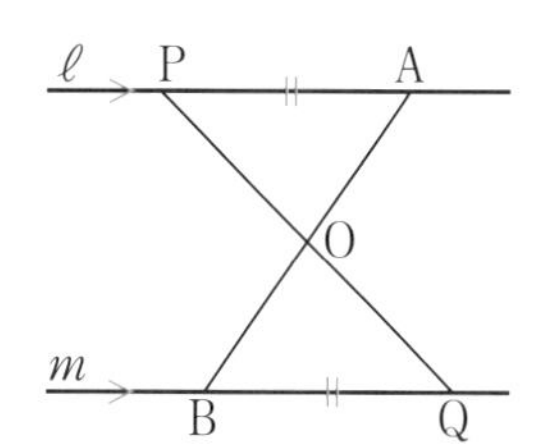

ヒント

❶ 「A ならば，B である」のような形でいい表されるとき，A が仮定，B が結論です。

❷ 正三角形の各辺の長さは等しいです。また，内角の大きさは 60°です。

ミスに注意
等しい辺や角，合同な三角形は，かならず対応する頂点の順に並べて書きましょう。

❸ 平行線の同位角，錯角は等しくなります。

テスト得ダネ
結論は，問題の中に書かれていますが，根拠となることがらは，問題の中に書かれていない場合があります。

4章

Step 3 予想テスト

4章 図形の調べ方

30分　／100点　目標 80点

1 次の図で，(1)〜(8)の $\angle x$ の大きさを求めなさい。また，(9)は印をつけた角の大きさの和を求めなさい。ただし，$\ell /\!/ m$ とし，(4)，(8)で同じ印をつけた線分の長さや角の大きさは等しいものとします。知 考　36点(各4点)

□(1)

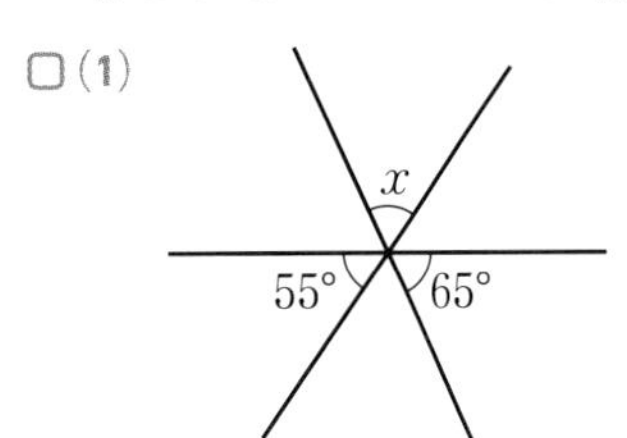

□(2)

ℓ
110°
x
m
30°

□(3)

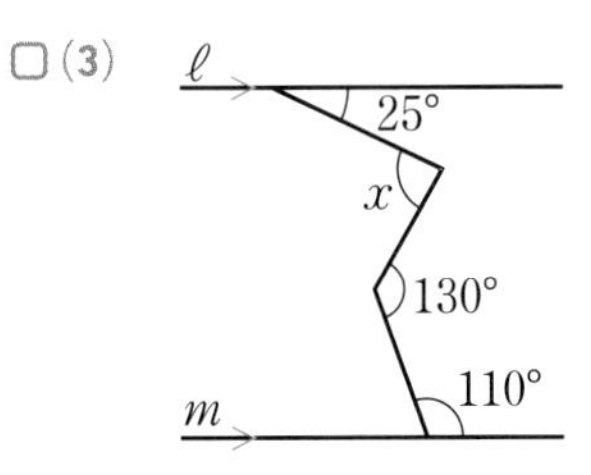

□(4)

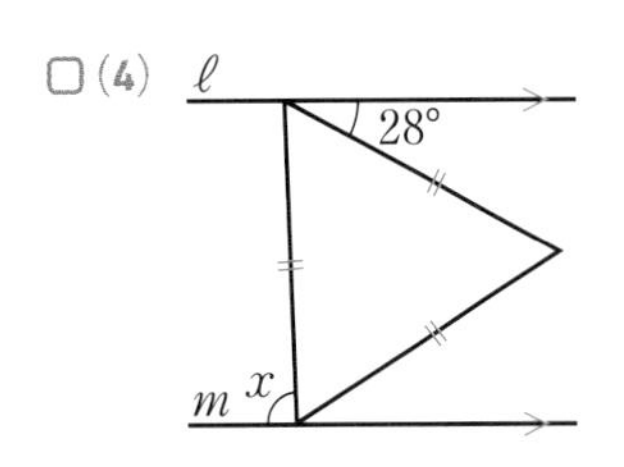

□(5)

x
102°
33°

□(6)

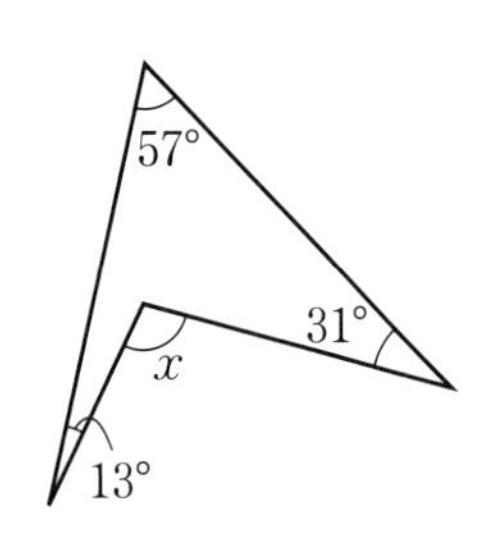

□(7)

48°
x
103°
77°
99°

□(8)

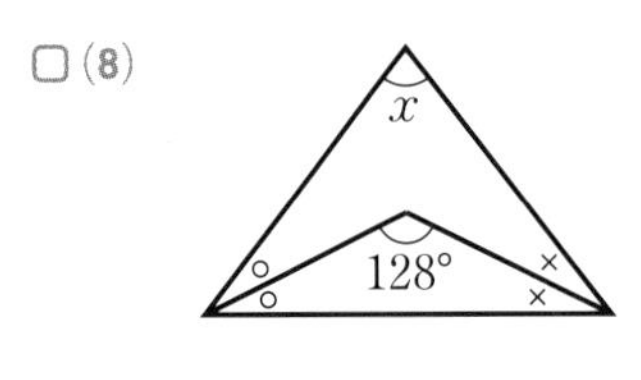

□(9)

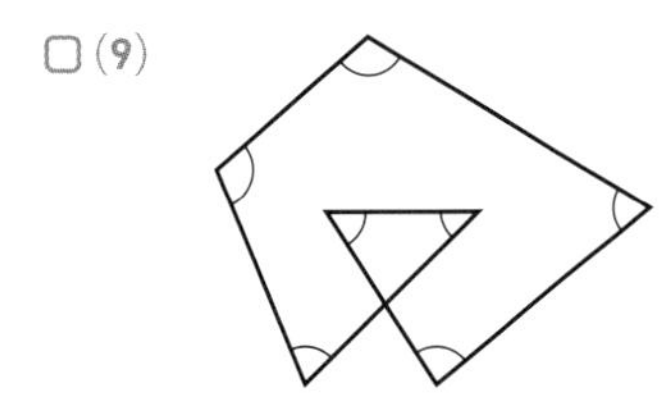

2 十二角形について，次の問いに答えなさい。知　12点(各4点)

□(1)　1つの頂点からひける対角線の数を求めなさい。

□(2)　1つの頂点からひいた対角線によって，何個の三角形に分けられますか。

□(3)　内角の和を求めなさい。

3 次の問いに答えなさい。知　10点(各5点)

□(1)　内角の和が2880°である多角形は何角形ですか。

□(2)　1つの内角の大きさが135°である正多角形は正何角形ですか。

　成績評価の観点　知…数量や図形などについての知識・技能　考…数学的な思考・判断・表現

❹ 右の図で，AB＝AD，∠ABC＝∠ADE ならば，BC＝DE
□ となります。仮定と結論を答え，このことを証明しなさい。
考 21 点(各 7 点)

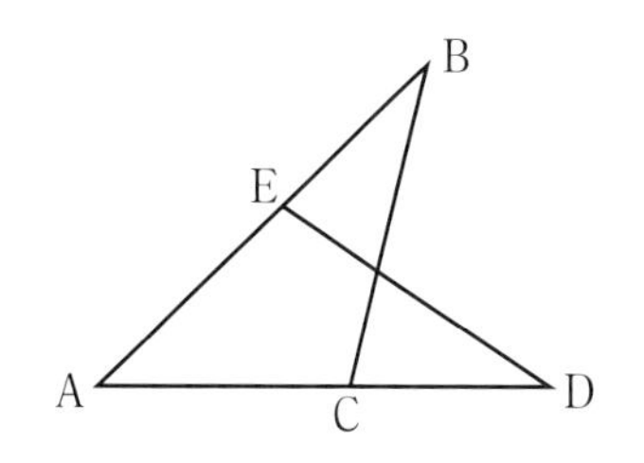

点UP
❺ 右の図で，点 P は ∠XOY の二等分線上の点です。辺 OX，
□ OY 上に点 A，B を OA＝OB となるようにとるとき，
∠OAP＝∠OBP となります。仮定と結論を答え，このことを証明しなさい。考 21 点(各 7 点)

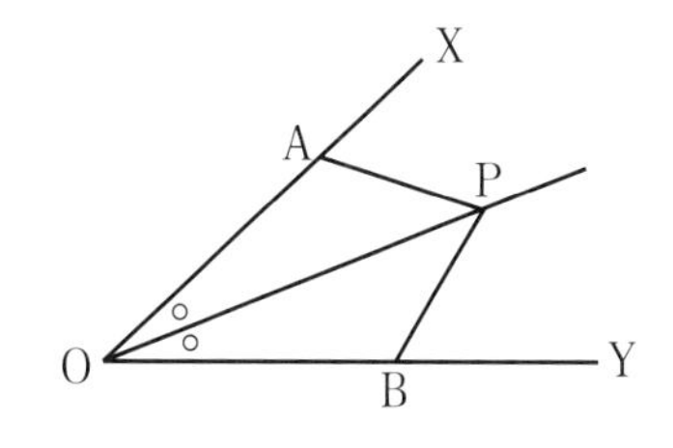

4章

❶	(1)	(2)	(3)
	(4)	(5)	(6)
	(7)	(8)	(9)
❷	(1)	(2)	(3)
❸	(1)	(2)	

❹	仮定	❺	仮定
	結論		結論
	証明		証明

❶ ／36点 ❷ ／12点 ❸ ／10点 ❹ ／21点 ❺ ／21点

［解答▶p.20］

Step 1 基本チェック　1節 三角形

15分

教科書のたしかめ　[　]に入るものを答えよう！

❶ 二等辺三角形　▶ 教 p.126-133　Step 2 ❶-❻

解答欄

□(1) 右の図の△ABCがAB＝ACの二等辺三角形であるとき，$\angle x$，$\angle y$の大きさは，

$\angle x=(180^\circ-$[40°]$)\div2=$[70°]

$\angle y=180^\circ-($[40°]$+40^\circ)=$[100°]

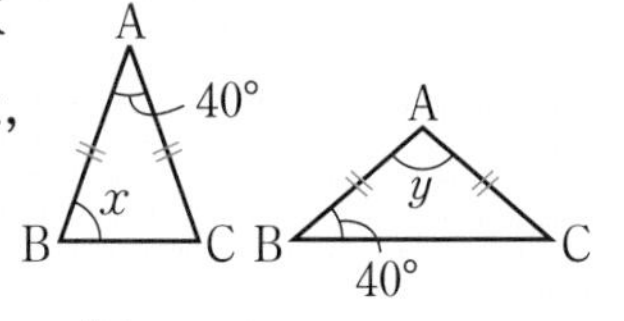

(1)

□(2) 「$a=0$，$b=0$ ならば，$a+b=0$ である。」の逆(ぎゃく)をいいなさい。また，それが正しいかどうかを調べなさい。

逆は，「[$a+b=0$]ならば，$a=0$，$b=0$ である。」

これは[正しくない]。

反例(はんれい)は，$a=1$，$b=$[-1]のとき，$a+b=$[0]となるが，$a=0$，$b=0$ にはならない。

(2)

❷ 直角三角形の合同　▶ 教 p.135-138　Step 2 ❼-❾

□(3) 右の図の△ABCがAB＝ACの二等辺三角形であり，BE⊥AC，CD⊥ABであるとき，△ABE≡△ACDを証明しなさい。

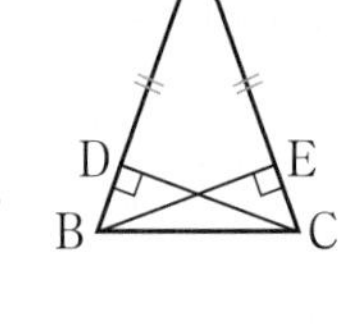

証明 △ABEと△ACDで，BE⊥AC，CD⊥ABより，

∠AEB＝[∠ADC]＝90° ……①

また，仮定より，AB＝[AC] ……②

∠Aは[共通]だから，∠BAE＝[∠CAD] ……③

①，②，③から，直角三角形の[斜辺と1つの鋭角]が，それぞれ等しいので，△ABE≡△ACD

(3)

教科書のまとめ　＿＿に入るものを答えよう！

□使うことばの意味をはっきり述べたものを 定義 といい，証明されたことがらのうち，基本になるものを 定理 という。

□二等辺三角形で，長さの等しい2つの辺がつくる角を 頂角 ，頂角(ちょうかく)に対する辺を 底辺 ，底辺の両端(りょうたん)の角を 底角 という。

□二等辺三角形の 頂角 の二等分線は， 底辺 を垂直に 2等分 する。

□2つのことがらが，仮定と結論を入れかえた関係にあるとき，一方を他方の 逆 という。

□仮定にあてはまるもののうち，結論が成り立たない場合の例を， 反例 という。

□2つの直角三角形は，次のどちらかが成り立てば合同である。

①斜辺(しゃへん)と1つの 鋭角 が，それぞれ等しい。　②斜辺と他の 1辺 が，それぞれ等しい。

Step 2 予想問題　1節 三角形

【二等辺三角形①(二等辺三角形の性質①)】

よく出る

❶ 次の図で，同じ印をつけた辺の長さが等しいとき，$\angle x$ の大きさを求めなさい。

□(1)

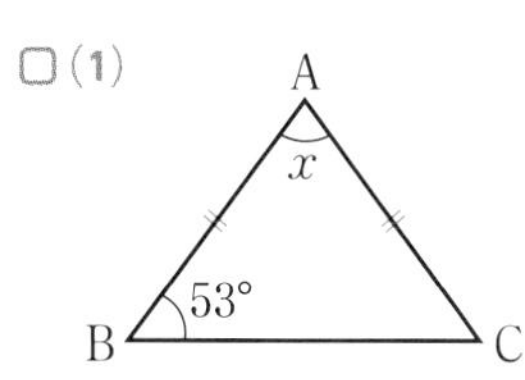

□(2)

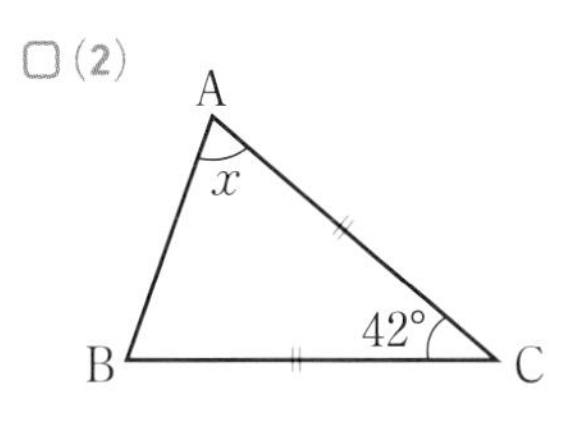

□(3)

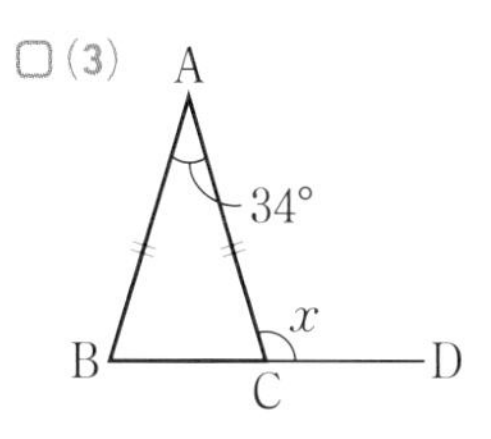

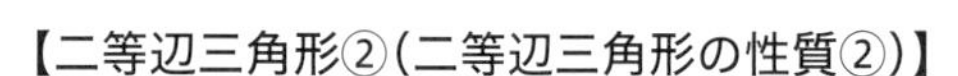

$\angle x=$（　　　）　$\angle x=$（　　　）　$\angle x=$（　　　）

ヒント

❶

二等辺三角形の底角が等しいことを利用します。

【二等辺三角形②(二等辺三角形の性質②)】

よく出る

❷ □ AB＝AC の二等辺三角形 ABC で，辺 AB，AC 上に BD＝CE となるような点 D，E をとり，それぞれ頂点 C，B と結びます。このとき，△DBC≡△ECB であることを証明しなさい。

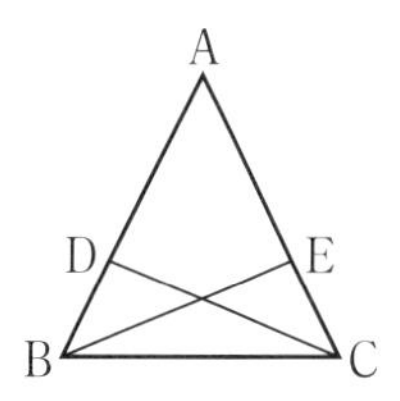

❷

△ABC は二等辺三角形なので，∠ABC＝∠ACB であることを使いましょう。

テスト得ダネ

三角形の合同を証明する問題はよく出題されます。合同条件をしっかり復習しておきましょう。

【二等辺三角形③(二等辺三角形の性質③)】

❸ □ AB＝AC の二等辺三角形 ABC で，辺 BC 上に BP＝CQ となるような点 P，Q をとり，それぞれ頂点 A と結びます。このとき，△APQ は二等辺三角形となることを証明しなさい。

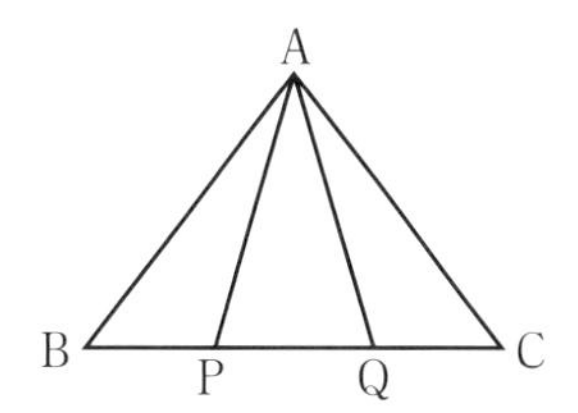

❸

三角形の合同を示すことによって，AP＝AQ を示します。

5章

【二等辺三角形④（二等辺三角形の性質④）】

4 右の図で，△ABC は AB＝AC の二等辺三角形です。∠BAC の二等分線上に点 P をとり，点 P と点 B，C とをそれぞれ結ぶとき，△PBC は二等辺三角形となることを証明しなさい。

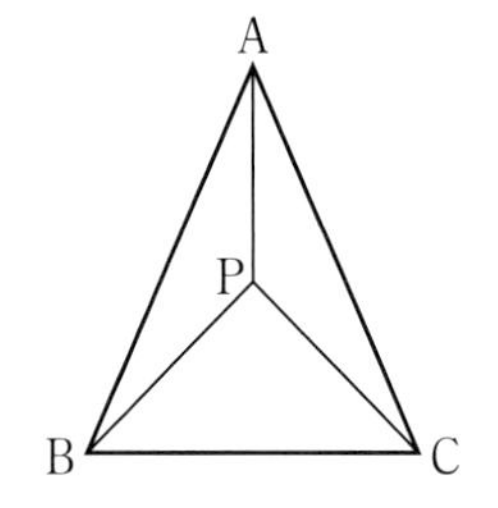

ヒント

4 まず，△ABP と△ACP が合同であることを示します。

【二等辺三角形⑤（逆，反例）】

5 次のことがらの逆をいいなさい。また，それが正しいかどうか調べなさい。正しくない場合は，反例をあげて示しなさい。

□(1)　$a>0$，$b>0$ ならば，$ab>0$ である。

逆（　　　　　　　　　　　　　　　　　　　　）

正誤（反例）（　　　　　　　　　　　　）

□(2)　△ABC が正三角形ならば，△ABC の3つの内角の大きさは等しい。

逆（　　　　　　　　　　　　　　　　　　　　）

正誤（反例）（　　　　　　　　　　　　）

□(3)　n が4の倍数ならば，n^2 は4の倍数である。

逆（　　　　　　　　　　　　　　　　　　　　）

正誤（反例）（　　　　　　　　　　　　）

5 仮定と結論を入れかえて逆をつくります。成り立たないときは，反例（そのことがらが成り立たない具体例）を示すことが必要です。

テスト得ダネ

もとのことがらが正しくても，その逆は正しくないことがあります。

【二等辺三角形⑥（正三角形の性質）】

6 正三角形ABCで，2辺BC，CA上に CD＝AE となるように点D，E をとります。AD と BE の交点をPとするとき，次の問いに答えなさい。

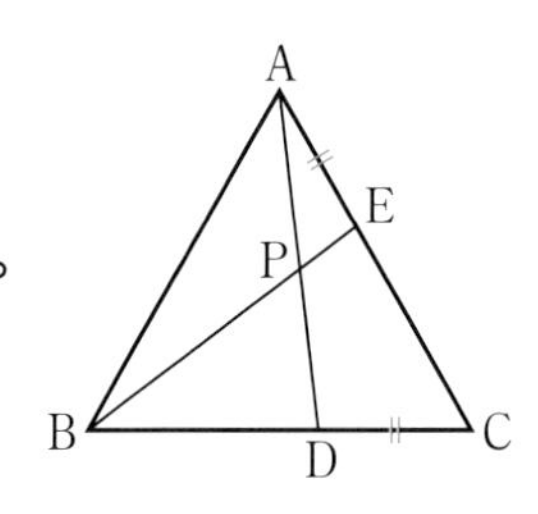

□(1)　△ABE≡△CAD を証明しなさい。

□(2)　∠APB の大きさを求めなさい。

（　　　　　　）

6

(1)正三角形はすべての辺の長さと角の大きさが等しい三角形です。

(2)∠APB は，△APE の頂点 P における外角です。

［解答▶p.21-22］

【直角三角形の合同①(合同条件)】

7 次の図で，合同な三角形の組に分け，記号で答えなさい。また，そのときの合同条件を答えなさい。

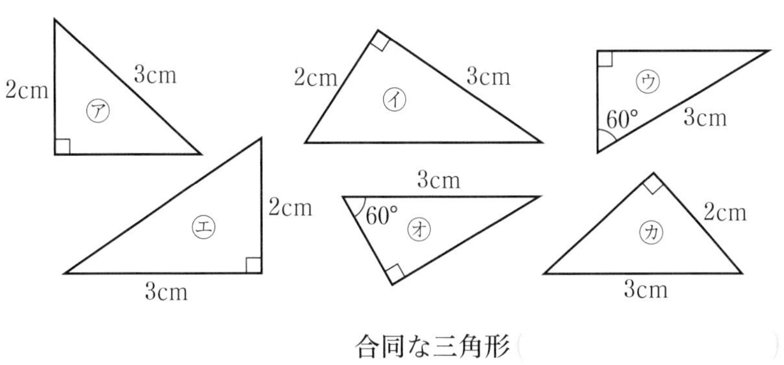

合同な三角形（　　　　　）
合同条件（　　　　　）
合同な三角形（　　　　　）
合同条件（　　　　　）
合同な三角形（　　　　　）
合同条件（　　　　　）

ヒント
7
斜辺の長さがわかっていないときは，直角三角形の合同条件は，使えないことに注意しましょう。

ミスに注意
三角形の合同条件と直角三角形の合同条件を混同してしまわないようにしっかり覚えましょう。

5章

【直角三角形の合同②】

8 ∠XOYの内部の点Pから，2辺OX，OYに，それぞれ垂線PH，PKをひきます。PH＝PKのとき，△OPH≡△OPKとなることを証明しなさい。

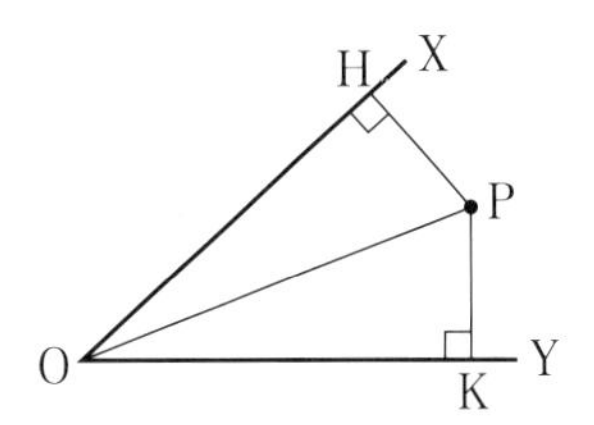

8
直角三角形の合同条件を使います。

【直角三角形の合同③】

9 右の図で，∠BAC＝∠BDC＝90°で，辺ACと辺DBとの交点をEとします。EB＝ECならば，AC＝DBであることを証明しなさい。

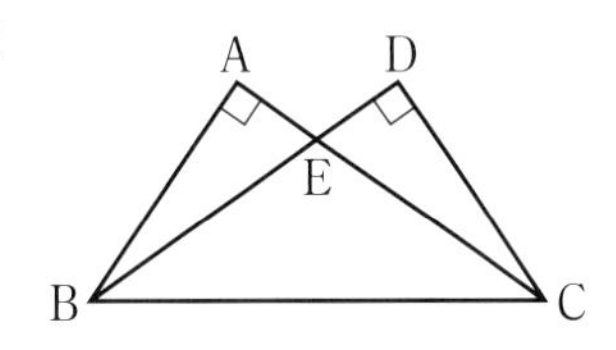

9
まず，合同な直角三角形を見つけて，合同であることを証明していきましょう。

Step 1 基本チェック　2節 四角形

15分

教科書のたしかめ　[ ]に入るものを答えよう！

❶ 平行四辺形の性質　▶ 教 p.139-142　Step 2 ❶❷

解答欄

□(1) 右の図の ▱ABCD で,
x＝[7], y＝[4],
∠a＝[80°]

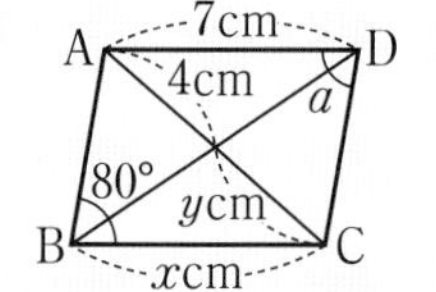

(1)

❷ 平行四辺形になるための条件　▶ 教 p.143-146　Step 2 ❸-❺

□(2) 四角形が平行四辺形になるための条件は,
①2組の向かいあう辺が，それぞれ[平行]であるとき(定義)
②2組の向かいあう辺が，それぞれ[等しい]とき
③2組の向かいあう[角]が，それぞれ等しいとき
④[対角線]が，それぞれの[中点]で交わるとき
⑤1組の向かいあう辺が，[等しく]て[平行]であるとき

(2)

❸ いろいろな四角形　▶ 教 p.147-149　Step 2 ❻

□(3) 平行四辺形 ABCD は,
∠A＝∠D であるとき[長方形], AB＝AD であるとき[ひし形],
∠A＝∠D, AB＝AD であるとき[正方形]になる。

(3)

❹ 平行線と面積　▶ 教 p.150-151　Step 2 ❼-❾

□(4) 右の図で，AD∥BC, AC∥EF のとき,
△DFC と面積の等しい三角形を考える。
AD∥BC だから，△DFC＝△[AFC]
AC∥EF だから，△AFC＝△[AEC]
よって，△DFC と面積が等しいのは，△[AFC]と △[AEC]

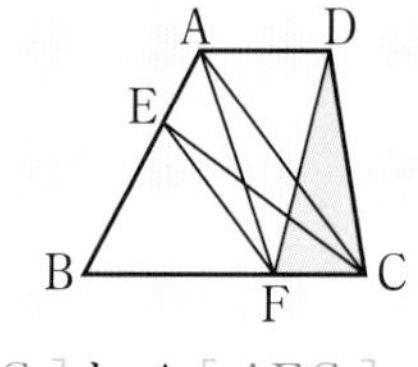

(4)

❺ 四角形の性質の利用　▶ 教 p.152-153

教科書のまとめ　＿＿に入るものを答えよう！

□平行四辺形の性質　平行四辺形の2組の向かいあう 辺 は，それぞれ等しい。
平行四辺形の2組の向かいあう 角 は，それぞれ等しい。
平行四辺形の 対角線 は，それぞれの 中点 で交わる。

□長方形の定義　4つの角 がすべて 等しい 四角形。

□ひし形の定義　4つの辺 がすべて 等しい 四角形。

□正方形の定義　4つの辺 がすべて等しく，4つの角 がすべて等しい四角形。

Step 2 予想問題　2節 四角形

【平行四辺形の性質①】

❶ 次の(1)，(2)の平行四辺形で，x，y の値，$\angle a$，$\angle b$ の大きさを，それぞれ求めなさい。

□(1)

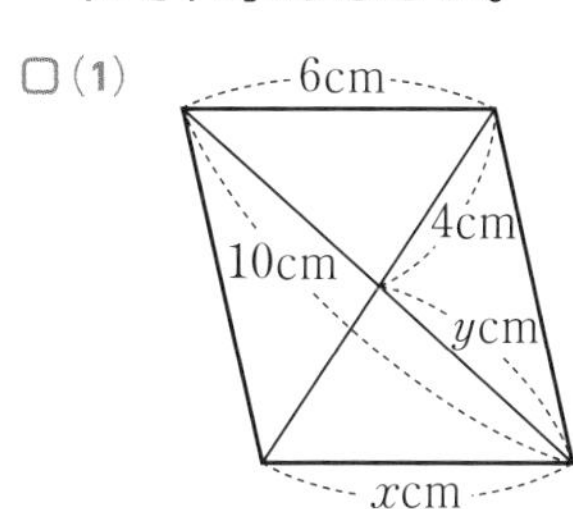

□(2)

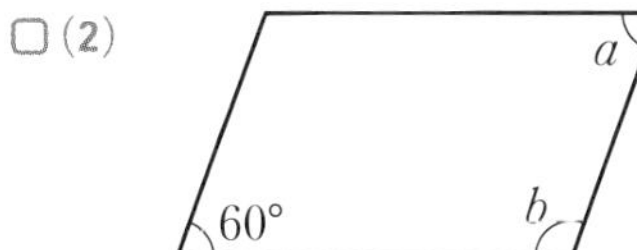

$x=$（　　　）　$\angle a=$（　　　）

$y=$（　　　）　$\angle b=$（　　　）

ヒント

❶ 平行四辺形の向かいあう辺の長さ，向かいあう角の大きさは等しく，対角線が中点で交わることを利用します。

【平行四辺形の性質②】

❷ □ 右の図のように，▱ABCD の対角線の交点 O を通る直線をひき，辺 AD，BC との交点を，それぞれ E，F とします。このとき，OE＝OF であることを証明しなさい。

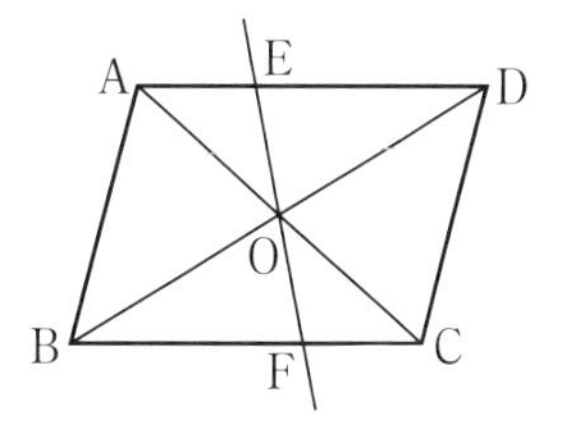

❷ まず，△OAEと△OCFの合同を示しましょう。

【平行四辺形になるための条件①】

❸ □ 次の㋐～㋒のうち，四角形 ABCD が平行四辺形であるといえるものをすべて答えなさい

㋐ AB＝5cm，BC＝7cm，CD＝5cm，DA＝7cm

㋑ ∠A＝60°，∠B＝120°，∠C＝120°，∠D＝60°

㋒ AB＝6cm，CD＝6cm，∠A＝105°，∠D＝75°

（　　　）

❸ 平行四辺形になる条件にあてはまるかどうかを調べましょう。

5章

【平行四辺形になるための条件②】

よく出る

4 □ ▱ABCD の辺 AB，BC，CD，DA の中点を，それぞれ E，F，G，H とし，AF と CE との交点を P，AG と CH との交点を Q とします。このとき，四角形 APCQ は平行四辺形であることを証明しなさい。

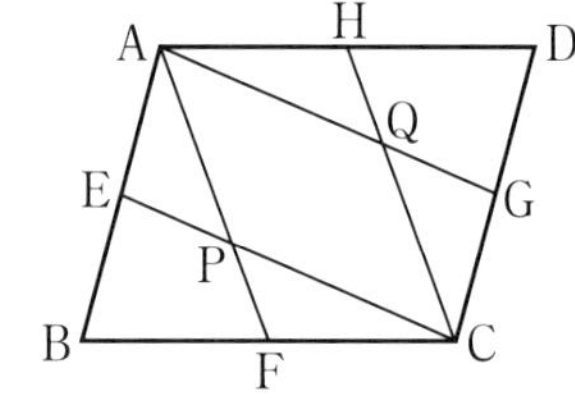

4 四角形 APCQ が平行四辺形であることを証明するときには，四角形 AECG，AFCH が平行四辺形であることを利用します。

【平行四辺形になるための条件③】

5 □ 右の図で，▱ABCD の対角線 BD 上に，BE＝DF となるような 2 点 E，F をとります。このとき，四角形 AECF は平行四辺形であることを証明しなさい。

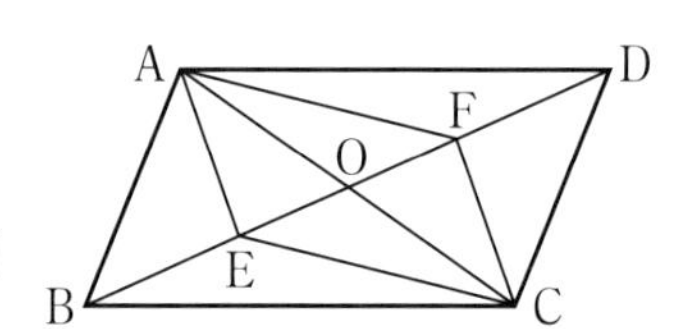

5 ▱ABCD と四角形 AECF の対角線に注目しましょう。

【いろいろな四角形】

6 ▱ABCD で，次の条件を加えるとどんな四角形になりますか。ただし，O は対角線の交点です。

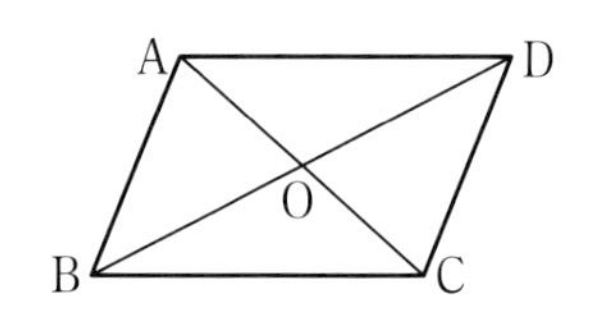

□(1)　AB＝BC　（　　　　）

□(2)　OA＝OB　（　　　　）

□(3)　∠A＝∠B　（　　　　）

□(4)　AB＝BC，∠A＝∠B　（　　　　）

6 平行四辺形と長方形，ひし形，正方形の関係を考えます。

[解答▶p.23-24]

【平行線と面積①】

❼ 右の図で，DE∥AC のとき，四角形 DBEF と面積の等しい三角形をすべて答えなさい。

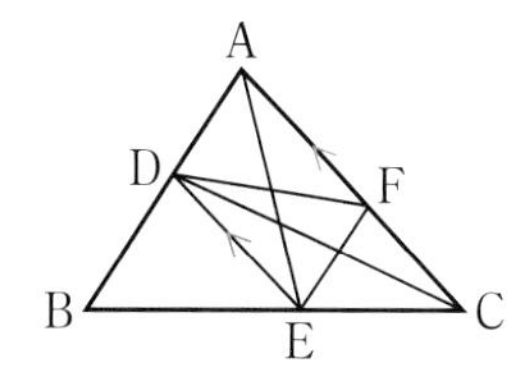

❼
△DEF と面積が等しい三角形を探します。

【平行線と面積②】

❽ 次の図で，辺 BC を C の方に延長した直線上に点 E をとり，四角形 ABCD と面積の等しい △ABE をかきなさい。

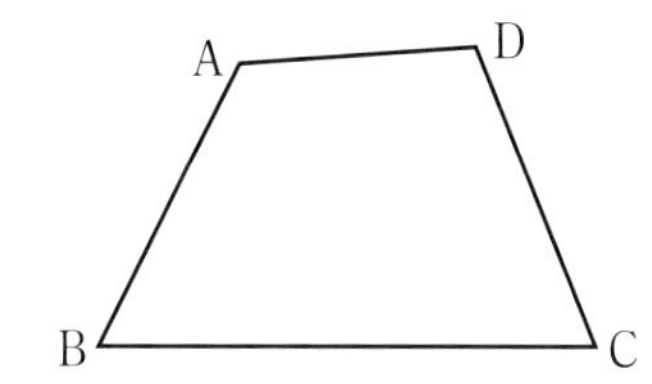

❽
点 D を通り，AC に平行な直線をひいて考えます。

テスト得ダネ
平行線を利用した面積の問題は出題されやすいので，補助線のひき方について，しっかり復習しておきましょう。

【平行線と面積③】

❾ 右の図のように，▱ABCD において，辺 CD を D の方に延長した直線上に点 E をとり，点 A と点 E，点 B と点 E を結びます。また，BE と AD との交点を F とし，点 B と点 D，点 C と点 F を結びます。BD と CF との交点を G とするとき，次の問いに答えなさい。

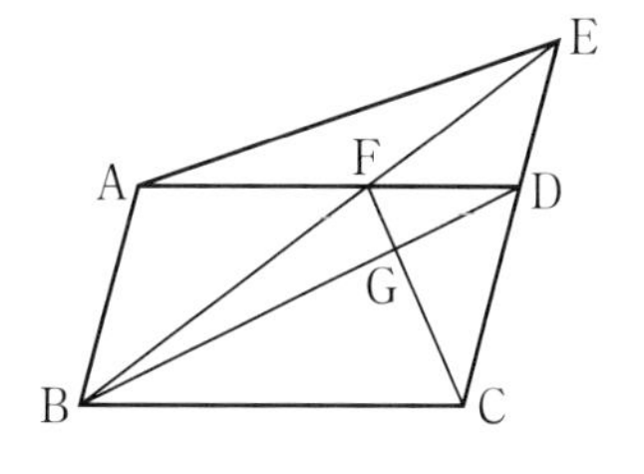

(1) △BDE と面積の等しい三角形をすべて答えなさい。

(2) △AEF＝△BDF であることを証明しなさい。

❾
(1)△BDE＝△BDF＋△EFD です。
(2)両方の三角形に △EFD を補って考えましょう。

Step 3 予想テスト　5章 図形の性質と証明

30分　／100点　目標 80点

1 右の図で，△ABC は AB＝AC の二等辺三角形です。BC＝BD のとき，次の角の大きさを求めなさい。知　18点（各6点）

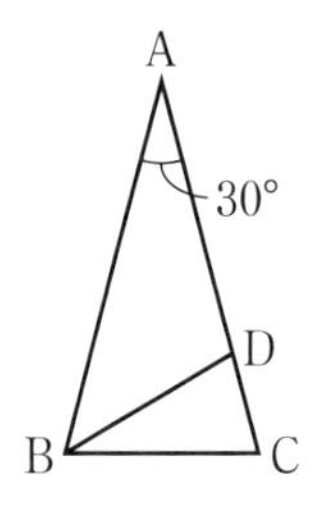

□(1)　∠ACB

□(2)　∠DBC

□(3)　∠ABD

2 次の図で，AB＝AC です。∠x の大きさを求めなさい。知　20点（各10点）

□(1)

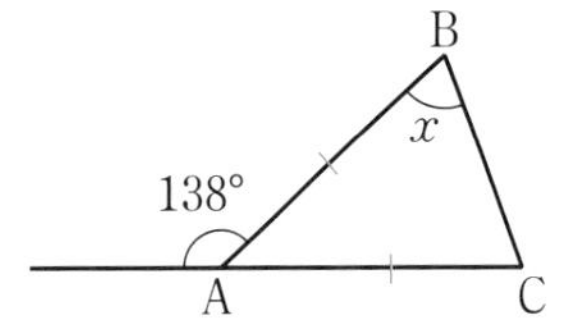

□(2)

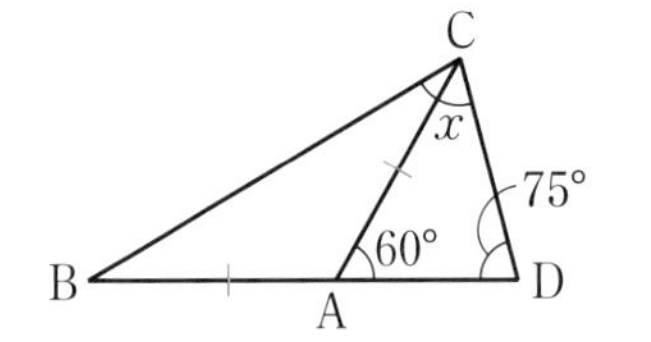

3 右の図で，四角形 ABCD は正方形，△EDC は正三角形です。A から BE にひいた垂線と BE との交点を H とします。また，∠BCE の二等分線と BE との交点を I とします。次の問いに答えなさい。知 考　20点（各5点）

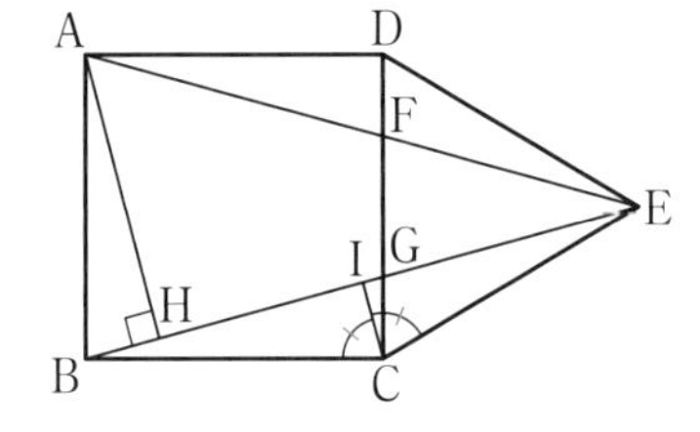

□(1)　∠BAE の大きさを求めなさい。

□(2)　∠BAH の大きさを求めなさい。

□(3)　直角三角形 ABH と合同な三角形を 1 ついいなさい。

□(4)　(3)の合同条件をいいなさい。

4 右の図で，△ABC は AB＝AC の二等辺三角形です。底辺 BC の中点 M から，辺 AB，AC に垂線 MD，ME をそれぞれひきます。このとき，MD＝ME であることを証明しなさい。考　10点

□

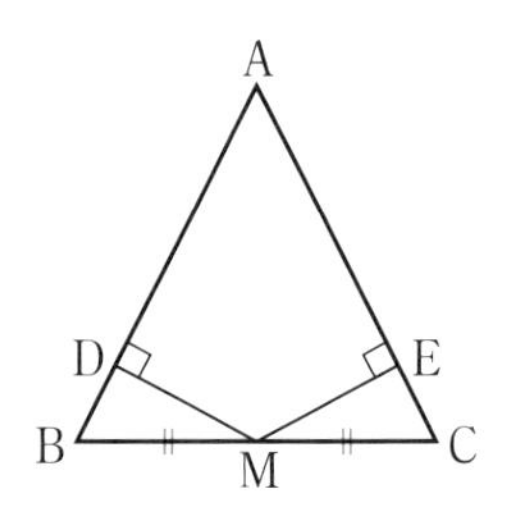

5 右の図の ▱ABCD で，対角線 BD 上に，BE＝DF となるような 2 点 E，F をとるとき，AF＝CE となることを証明しなさい。考　10点

□

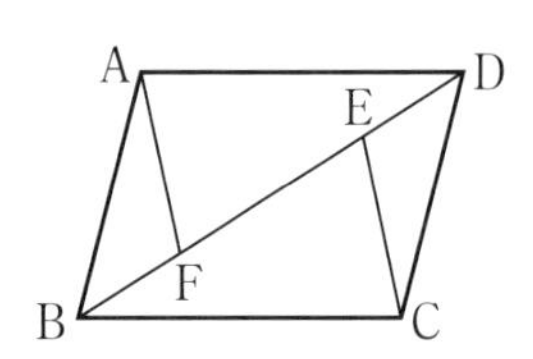

❻ □ 右の図で，四角形 ABCD，BEFC がともに平行四辺形ならば，四角形 AEFD は平行四辺形となることを証明しなさい。考　10点

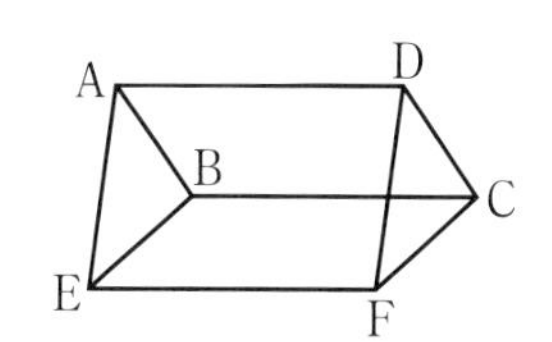

❼ □ 右の図で，対角線を利用して，五角形 ABCDE と面積の等しい三角形 AFG を解答欄の図に作図しなさい。ただし，点 F と G は，直線 CD 上にあるとします。知　12点

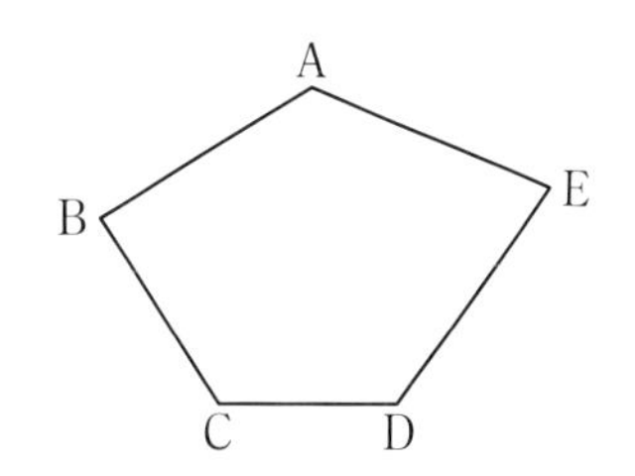

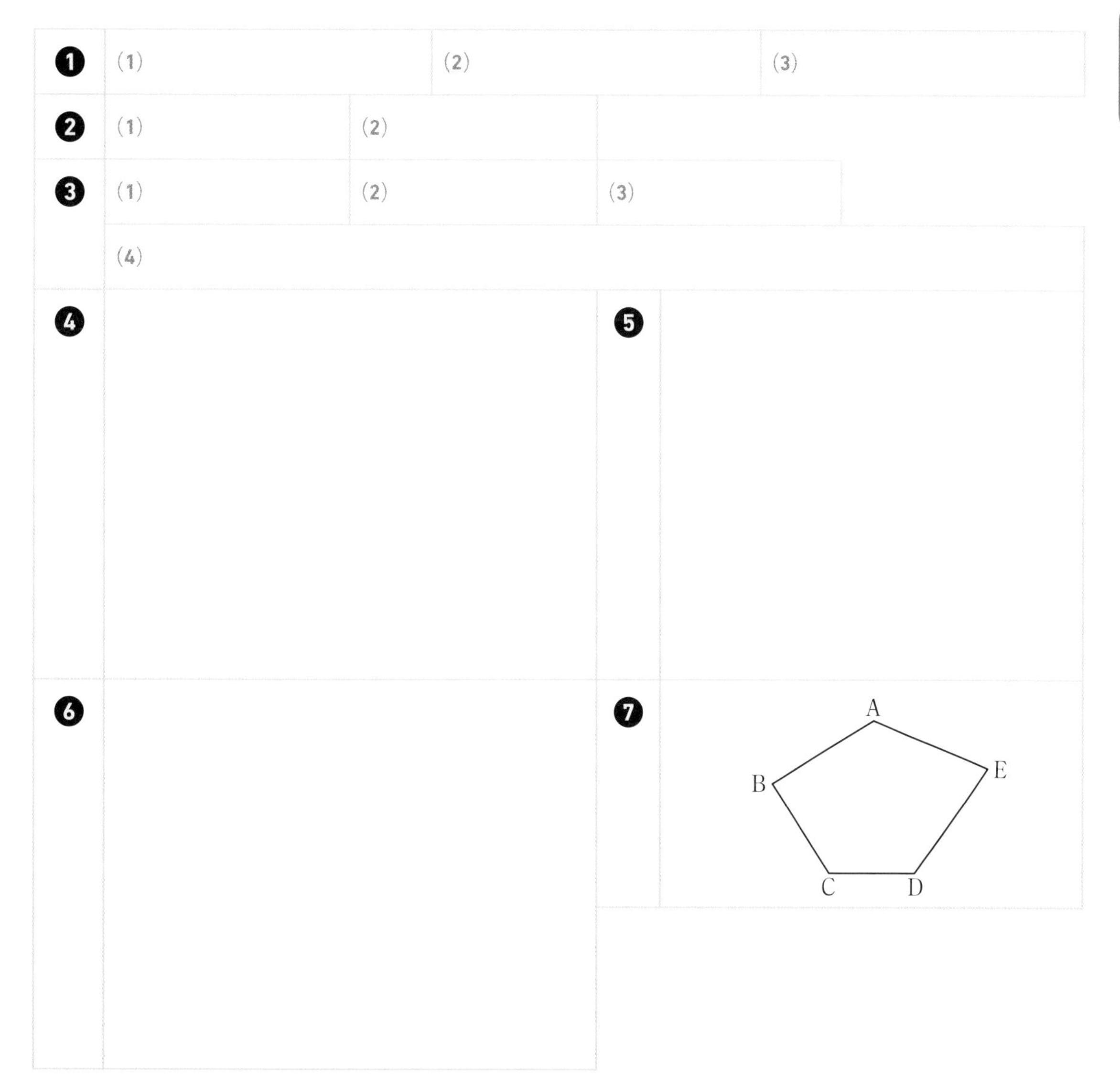

Step 1 基本チェック　1節 場合の数と確率

15分

教科書のたしかめ　[　]に入るものを答えよう！

1 確率の求め方　▶ 教 p.160-162　Step 2 1-4

解答欄

□(1) 正しくつくられたさいころを投げるとき，起こり得る場合は全部で[6]通り。5以上の目が出る場合は[2]通りだから，

(5以上の目が出る確率)$=\frac{2}{6}=$[$\frac{1}{3}$]

また，奇数の目が出る確率は[$\frac{1}{2}$]

(1)

□(2) 赤玉5個，白玉4個がはいっている箱から玉を1個取り出します。玉の取り出し方は，全部で[9]通りで，どの玉の取り出し方も，同様に確からしい。赤玉が出る場合は，[5]通りである。

だから，赤玉が出る確率は，[$\frac{5}{9}$]である。

(2)

2 いろいろな確率　▶ 教 p.163-167　Step 2 5-9

□(3) 1，2，3，4の数字を書いた4枚のカードを，よくきってから続けて2枚取り出し，取り出した順に左から右に並べて2けたの整数をつくる。

1 ― 2○，3，4○
2 ― 1，3，4○
3 ― 1，2○，4○
4 ― 1，2○，3

できる2けたの整数は，右の[樹形]図より，全部で[12]通り。また，その整数が偶数である確率は，偶数となるのが○印をつけた[6]通りであることより，

[$\frac{6}{12}$]$=$[$\frac{1}{2}$]となる。

(3)

3 確率の利用　▶ 教 p.168-169

教科書のまとめ　＿＿に入るものを答えよう！

□あることがらの起こりやすさの程度を表す数を，そのことがらの起こる 確率 という。

□正しくできているさいころでは，1から6までのどの目が出ることも同じ程度に期待できる。このようなとき，さいころの1から6までのどの目が出ることも， 同様に確からしい という。

□起こり得る場合が全部でn通りあり，そのどれが起こることも同様に確からしいとする。そのうち，あることがらの起こる場合がa通りあるとき，そのことがらの起こる確率pは，

$p=\frac{a}{n}$ となる。

□あることがらAの起こる確率がpであるとき，Aの起こらない確率は， $1-p$ である。

Step 2 予想問題　1節 場合の数と確率

【確率の求め方①】

1 1つのさいころを投げるとき，次の確率を求めなさい。

□(1) 3の目が出る確率

(　　　　)

□(2) 4以下の目が出る確率

(　　　　)

【確率の求め方②】

2 あたりくじをひく確率が$\frac{1}{5}$であるくじを1本ひくとき，はずれくじをひく確率を求めなさい。

(　　　　)

【確率の求め方③】

よく出る

3 1組のトランプからジョーカーを除いた52枚のカードを裏返しにしてよく混ぜ，その中から1枚をひきます。次の確率を求めなさい。

□(1) カードが♠(スペード)である確率

(　　　　)

□(2) カードが♥(ハート)の絵札である確率

(　　　　)

□(3) カードがA(エース)である確率

(　　　　)

ヒント

1
目の出かたは，全部で6通りあります。

2
「はずれる＝あたらない」と考えます。

3
それぞれあてはまるカードが何枚あるかを考えます。
(2)絵札は，
J(ジャック)
Q(クイーン)
K(キング)
の3種類です。
(3)A(エース)は1です。

6章

【確率の求め方④】

4 1から10までの整数を1つずつ書いた10枚のカードがあります。この中から1枚のカードを取り出すとき，次の確率を求めなさい。

□(1) カードの数が奇数である確率

(　　　　)

□(2) カードの数が3の倍数である確率

(　　　　)

□(3) カードの数が素数である確率

(　　　　)

【いろいろな確率①】

よく出る

5 4つの数字1，2，3，4を1つずつ書いたカード4枚を裏返しにしてよくきり，1枚ずつ取り出します。1枚目を十の位の数，2枚目を一の位の数にして2けたの整数をつくるとき，次の確率を求めなさい。

□(1) 偶数である確率

(　　　　)

□(2) 3の倍数である確率

(　　　　)

□(3) 十の位の数が，一の位の数より2大きくなる確率

(　　　　)

【いろいろな確率②】

6 1枚の硬貨(こうか)を3回投げて，表，裏の出方を調べます。次の問いに答えなさい。

□(1) 表，裏の出方を表す右の樹形図を完成させなさい。ただし，表は○，裏は×で表すものとする。

□(2) 3回とも裏が出る確率を求めなさい。

(　　　　)

□(3) 表が2回出る確率を求めなさい。

(　　　　)

ヒント

4
1〜10の整数を書き出し，各問いに当てはまる数をチェックします。

5
テスト得ダネ
場合の数を求めるときは，数え間違えないよう，かならず樹形図や表をつくって，順序よくていねいに数えましょう。

6
(1)樹形図をかけば確認できますが，全体では，8通りの場合があります。

テスト得ダネ
樹形図をかく問題はよく出題されます。規則正しく順序よく整理していきましょう。

[解答▶p.27-28]

【いろいろな確率③】

よく出る

❼ 大小2つのさいころを同時に投げるとき，次の確率を求めなさい。

□(1) 出る目の数の和が5になる確率

(　　　　)

□(2) 出る目の数の和が8以上になる確率

(　　　　)

□(3) 出る目の和が4の倍数になる確率

(　　　　)

□(4) 出る目の数の和が5にならない確率

(　　　　)

ヒント

❼
2つのさいころを投げる問題は，表を使って整理すると解きやすくなります。
(4)1－(出る目の数の和が5になる確率)で求めることができます。

【いろいろな確率④】

点UP

❽ A，B，C，D，Eの記号をつけた同じ大きさの玉が1個ずつ合計5個が袋にはいっています。この中から2つの玉を同時に取り出すとき，次の問いに答えなさい。

□(1) 2つの玉の取り出し方は全部で何通りありますか。表や図をかいて求めなさい。

(　　　　)

□(2) AとかかれたたまとBと書かれた玉を取り出す確率を求めなさい。

(　　　　)

□(3) Eと書かれた玉を取り出す確率を求めなさい。

(　　　　)

❽
(1)数え落としや重なりがないように樹形図をかいて求めます。表をかいて求めてもよいです。
(3)2個のうち1個がEである組み合わせが何通りあるか考えます。

同時に取り出すときは，A－BもB－Aも同じであることに注意しましょう。

6章

【いろいろな確率⑤】

点UP

❾ 右の図のように，正方形ABCDの頂点Aにおはじきを置き，さいころを2回投げて，次の規則㋐，㋑にしたがっておはじきを動かします。

㋐ 奇数の目が出たときは，出た目の数だけ反時計回りに動かす。

㋑ 偶数の目が出たときは，出た目の数だけ時計回りに動かす。

A　D
B　C

□(1) 2回目に動いたとき，頂点Aにいる確率を求めなさい。

(　　　　)

□(2) 2回目に動いたとき，頂点Bにいる確率を求めなさい。

(　　　　)

❾
1回目に出る目の数によって，おはじきは次の位置にきます。
1の目(反時計回り)➡B
2の目(時計回り)➡C
3の目(反時計回り)➡D
4の目(時計回り)➡A
5の目(反時計回り)➡B
6の目(時計回り)➡C

Step 3 予想テスト　6章 場合の数と確率

30分

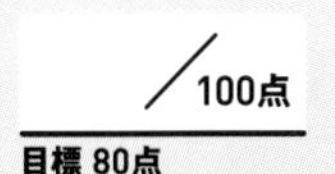
／100点
目標 80点

1 ジョーカーを除く1組52枚のトランプをよくきって，1枚を取り出すとき，次の確率を求めなさい。ただし，Aは1，Jは11，Qは12，Kは13とします。知 考　24点(各6点)

□(1) ♦(ダイヤ)のカードが出る確率

□(2) 3の倍数のカードが出る確率

□(3) ジョーカーのカードが出る確率

□(4) 12の約数のカードが出る確率

2 3枚の硬貨を同時に投げるとき，次の確率を求めなさい。考　10点(各5点)

□(1) 3枚とも表が出る確率

□(2) 1枚が表で，2枚が裏が出る確率

3 大小2つのさいころを同時に投げるとき，次の確率を求めなさい。考　18点(各6点)

□(1) 2つとも同じ目が出る確率

□(2) 2つのさいころの目の積が12になる確率

□(3) 2つのさいころの目の積が18以上になる確率

　成績評価の観点　知…数量や図形などについての知識・技能　考…数学的な思考・判断・表現

❹ 右のような４枚のカードがはいっている箱から，カードを続けて２枚取り出します。１枚目を十の位の数，２枚目を一の位の数として，２けたの整数をつくるとき，次の問いに答えなさい。知 考

12点（各６点）

□(1) ２けたの整数は全部で何通りつくれますか。

□(2) この整数が奇数となる確率を求めなさい。

❺ 袋の中に，同じ大きさの赤玉３個，白玉２個がはいっています。袋の中から玉を取り出すとき，次の問いに答えなさい。考

18点（各６点）

□(1) ２個同時に取り出すとき，両方とも赤玉である確率

□(2) ２個同時に取り出すとき，赤玉１個と白玉１個である確率

□(3) 取り出した玉は袋にもどさないものとして，１個ずつ２回続けて取り出すとき，赤玉，白玉の順になる確率

6章

点UP

❻ ７本のうち，あたりが３本はいっているくじがあります。このくじを，A，B の２人がこの順に１本ずつひくとき，次の確率を求めなさい。ただし，ひいたくじは，もとにもどさないことにします。知 考

18点（各６点）

□(1) A があたりをひく確率

□(2) B があたりをひく確率

□(3) A，B のうち，少なくとも１人があたりをひく確率

❶	(1)	(2)	(3)	(4)
❷	(1)	(2)		
❸	(1)	(2)	(3)	
❹	(1)	(2)		
❺	(1)	(2)	(3)	
❻	(1)	(2)	(3)	

❶ ／24点 ❷ ／10点 ❸ ／18点 ❹ ／12点 ❺ ／18点 ❻ ／18点

[解答▶p.30-31]

Step 1 基本チェック　1節 箱ひげ図

15分

教科書のたしかめ　[　]に入るものを答えよう！

❶ 箱ひげ図　▶ 教 p.174-177　Step 2 ❶❷

解答欄

次のデータは，ある野球チームの最近 19 試合での得点のデータを，少ない順に並べかえたものである。

0	1	1	1	2	3	3	3	4	4	5	5	6	7	7	8	9	9	10

□ (1) 中央値は[4点]である。　(1)

□ (2) 第1四分位数(だいいちしぶんいすう)は[2点]，第3四分位数は[7点]である。　(2)　／

□ (3) 範囲(はんい)は[10点]で，四分位範囲(しぶんい)は[5点]である。　(3)　／

□ (4) このデータの箱(はこ)ひげ図(ず)は，下の図の[㋑]である。　(4)

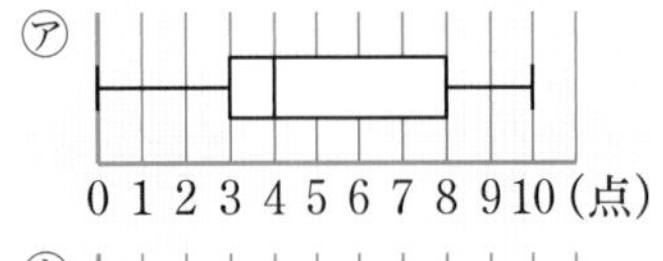

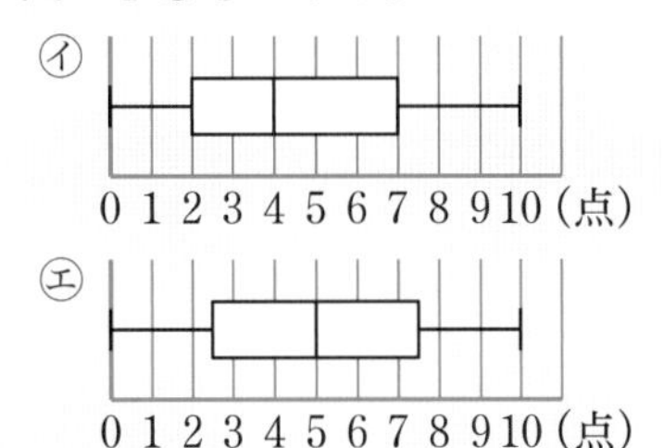

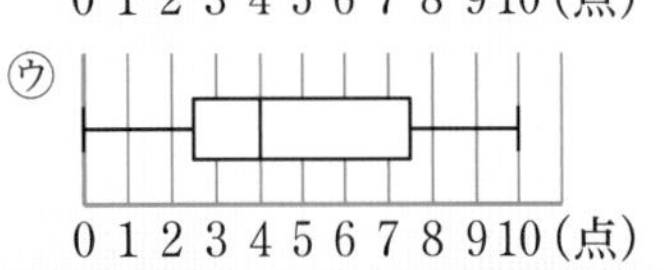

❷ データを活用して，問題を解決しよう　▶ 教 p.179-180　Step 2 ❷

□ (5) 右の図は，1組と2組の生徒40人ずつの身長のデータを表した箱ひげ図である。この箱ひげ図から読み取れることとして正しいものを，次から選ぶと[㋒]である。　(5)

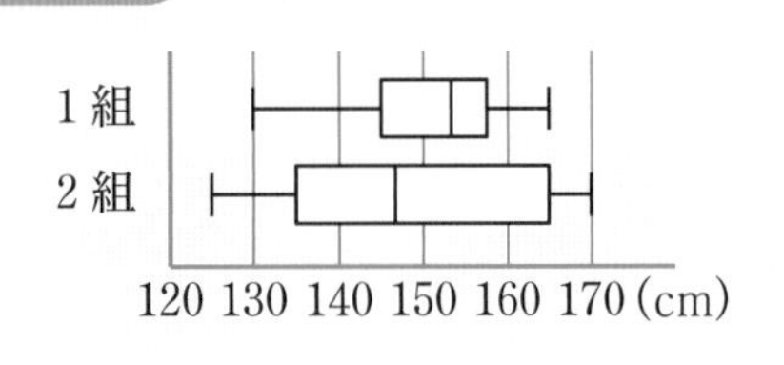

㋐ 1組にも2組にも 130cm ちょうどの生徒がいる。

㋑ 2組では，140cm 未満の生徒は 10 人より少ない。

㋒ 1組では，150cm 以下の生徒は 20 人以下である。

教科書のまとめ　＿＿に入るものを答えよう！

□ あるデータを小さい順に並べたとき，そのデータを4等分したときの3つの区切りの値を小さい方から順に，第1四分位数，第2四分位数，第3四分位数といい，これらをまとめて，四分位数という。

□ 第3四分位数と第1四分位数の差を，四分位範囲という。

□ 箱ひげ図のひげの端から端までの長さは範囲，箱の幅は四分位範囲を表している。

□ 箱ひげ図は，データのおおまかな分布のようすをとらえることができ，複数のデータを一度にくらべやすい特徴がある。

Step 2 予想問題　1節 箱ひげ図

1ページ 30分

【箱ひげ図】

よく出る

1 次のデータは，あるクラスの生徒 38 人について，家における週末の学習時間を調べ，小さい順に並べたものです。次の問いに答えなさい。

0	0	0	1	1	1	1	1	2	2	2	2	2	2	3
3	3	3	4	4	5	5	5	6	6	6	6	7	7	7
8	8	8	9	9	10	10	11							

(単位：時間)

□(1) 四分位数(第 1 四分位数，第 2 四分位数，第 3 四分位数)を求めなさい。

第 1 四分位数(　　　)，第 2 四分位数(　　　)，
第 3 四分位数(　　　)

□(2) 四分位範囲を求めなさい。

(　　　)

□(3) 箱ひげ図をかきなさい。

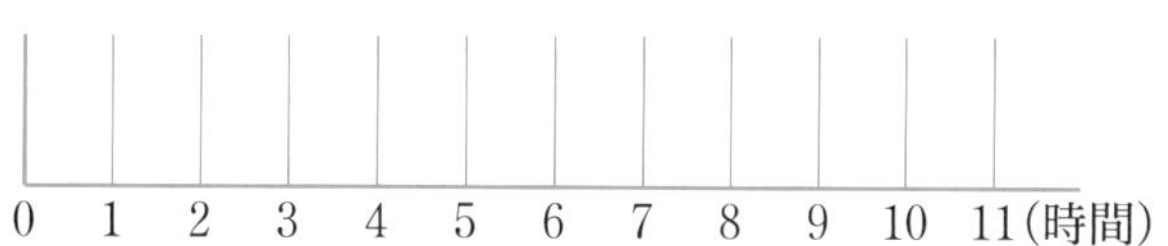

【データを活用して，問題を解決しよう(データの傾向の読み取り)】

点UP

2 右の箱ひげ図は，計算テストの結果を 1 組，2 組，3 組のデータをもとに作成したものです。どの組も人数は同じです。次の問いに答えなさい。

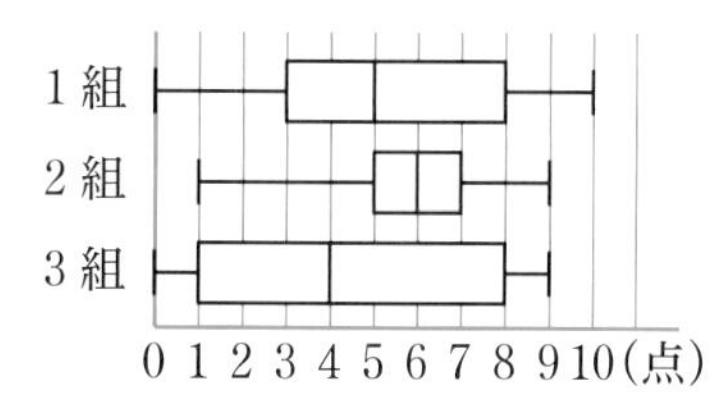

□(1) 3 つの組を中央値が大きい順に並べかえなさい。

(　　　)

□(2) 3 つの組を範囲の大きい順に並べかえなさい。

(　　　)

□(3) 四分位範囲がいちばん大きいのはどの組ですか。

(　　　)

□(4) この箱ひげ図から読み取れることとして正しいものを，次から選びなさい。

㋐ 5 点未満の生徒の数がいちばん多いのは，2 組である。

㋑ 3 組の半分以上の生徒は，4 点以上である。

(　　　)

ヒント

1

(2)第 3 四分位数と第 1 四分位数の差を求めます。

(3)四分位数，最小値，最大値をもとにしてかきます。

2

(2)最大値と最小値の差を求めて比べます。

(3)第 3 四分位数と第 1 四分位数の差を求めて比べます。

(4)四分位数に着目しましょう。

7章

[解答▶p.32]

Step 3 予想テスト

7章 箱ひげ図とデータの活用

20分　／50点　目標 40点

1 次のデータは，あるクラスの生徒 40 人について，1か月の読書時間を調べたものです。次の問いに答えなさい。知 考　30点((1)，(2)各5点，(3)10点)

9	8	14	30	4	4	5	8	4	9	3	0	0	2	11	6	12	4	1	14
8	0	4	8	1	8	7	8	10	6	18	5	3	16	2	24	5	15	2	18

(単位：時間)

□(1) 四分位数(第1四分位数，第2四分位数，第3四分位数)を求めなさい。

□(2) 四分位範囲を求めなさい。

□(3) 箱ひげ図を解答欄にかきなさい。

点UP

2 ある中学校で，2年の男子生徒を A，B，C の 3 つの班に分け，50 m 走の測定をしました。右の箱ひげ図はそのデータをもとに作成したもので，どの班も人数は同じです。次の問いに答えなさい。考　20点(各5点)

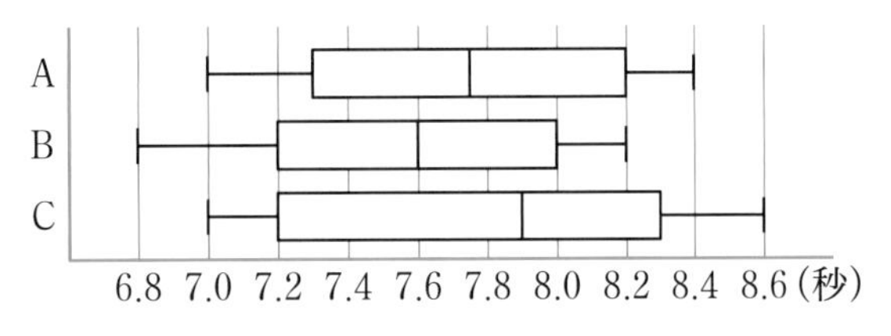

□(1) 中央値がいちばん小さいのはどの班ですか。

□(2) 3つの班を四分位範囲が大きい順に並べかえなさい。

□(3) 範囲がいちばん大きいのはどの班ですか。

□(4) この箱ひげ図から読み取れることとして正しいものを，次から選びなさい。

㋐ 7.8 秒未満の生徒の数がいちばん多いのは，C である。

㋑ B の半分以上の生徒は，7.6 秒以上である。

㋒ 7.6 秒未満の生徒の数は，A も C も同じである。

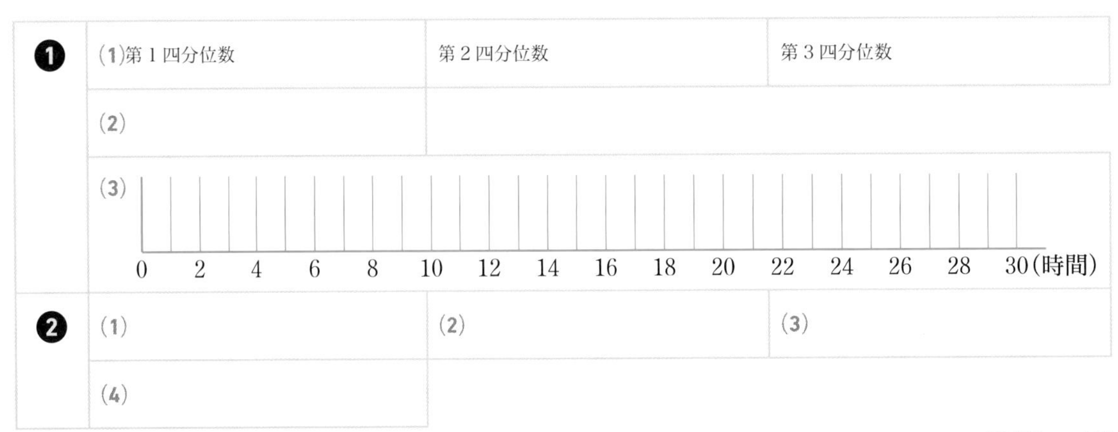

[解答▶p.32]

テスト前 ✓ やることチェック表

① まずはテストの目標をたてよう。頑張ったら達成できそうなちょっと上のレベルを目指そう。
② 次にやることを書こう（「ズバリ英語〇ページ，数学〇ページ」など）。
③ やり終えたら□に✓を入れよう。
最初に完ぺきな計画をたてる必要はなく，まずは数日分の計画をつくって，
その後追加・修正していっても良いね。

目標

	日付	やること 1	やること 2
2週間前	/	□	□
	/	□	□
	/	□	□
	/	□	□
	/	□	□
	/	□	□
	/	□	□
1週間前	/	□	□
	/	□	□
	/	□	□
	/	□	□
	/	□	□
	/	□	□
	/	□	□
テスト期間	/	□	□
	/	□	□
	/	□	□
	/	□	□
	/	□	□

QRコードのページに登録すると，「ぴたリンク」からも表をダウンロードできるよ

キリトリ線

テスト前 ☑ やることチェック表

① まずはテストの目標をたてよう。頑張ったら達成できそうなちょっと上のレベルを目指そう。
② 次にやることを書こう（「ズバリ英語〇ページ，数学〇ページ」など）。
③ やり終えたら□に✔を入れよう。
最初に完ぺきな計画をたてる必要はなく，まずは数日分の計画をつくって，
その後追加・修正していっても良いね。

目標

	日付	やること 1	やること 2
2週間前	/	□	□
	/	□	□
	/	□	□
	/	□	□
	/	□	□
	/	□	□
	/	□	□
1週間前	/	□	□
	/	□	□
	/	□	□
	/	□	□
	/	□	□
	/	□	□
	/	□	□
テスト期間	/	□	□
	/	□	□
	/	□	□
	/	□	□
	/	□	□

QRコードのページに登録すると，「ぴたリンク」からも表をダウンロードできるよ

啓林館版 数学 2 年 ｜ 定期テスト ズバリよくでる ｜ 解答集

1 章 式の計算

1 節 式の計算

p.3-4 **Step 2**

❶ (1) 項 $5xy$，$3x$，-2　次数 2
xy の係数 5　x の係数 3

(2) 項 12，$-3a^2$，$\dfrac{b}{2}$　次数 2
a^2 の係数 -3　b の係数 $\dfrac{1}{2}$

解き方 多項式の次数は，各項の次数のうち，もっとも大きいものです。係数は文字のすぐ前の数です。
(1) $5xy$ の次数は 2，$3x$ の次数は 1 だから，多項式の次数は 2 です。
(2) $-3a^2$ の次数は 2，$\dfrac{b}{2}$ の次数は 1 だから，多項式の次数は 2 です。
$\dfrac{b}{2}$ は $\dfrac{1}{2}b$ のことだから，b の係数は $\dfrac{1}{2}$ です。

❷ (1) $6a-5b$　(2) $-5x^2-7y$
(3) $4.1x^2-3.3x+2.5$　(4) $\dfrac{7}{3}x^2-\dfrac{7}{4}x-\dfrac{1}{2}$

解き方 式の項の中で，文字の部分が同じ項をまとめます。
(1) $2a-7b+4a+2b=2a+4a-7b+2b$
$=6a-5b$
(2) $2x^2-5y-7x^2-2y=2x^2-7x^2-5y-2y$
$=-5x^2-7y$
(3) $2.7x^2-0.2x+2.5+1.4x^2-3.1x$
$=2.7x^2+1.4x^2-0.2x-3.1x+2.5$
$=4.1x^2-3.3x+2.5$
(4) $\dfrac{1}{3}x^2-\dfrac{1}{2}-x+2x^2-\dfrac{3}{4}x$
$=\dfrac{1}{3}x^2+2x^2-x-\dfrac{3}{4}x-\dfrac{1}{2}$
$=\dfrac{7}{3}x^2-\dfrac{7}{4}x-\dfrac{1}{2}$

❸ (1) 和 $8a+2b$　差 $-4a-4b$
(2) 和 $\dfrac{13}{5}x-11y$　差 $\dfrac{17}{5}x-y$

解き方 それぞれの式にかっこをつけて，記号 +，− でつないで計算します。そのあと，かっこをはずし，同類項をまとめます。
(1) $(2a-b)+(6a+3b)=2a-b+6a+3b$
$=2a+6a-b+3b$
$=8a+2b$
$(2a-b)-(6a+3b)=2a-b-6a-3b$
$=2a-6a-b-3b$
$=-4a-4b$
(2) $(3x-6y)+\left(-\dfrac{2}{5}x-5y\right)=3x-6y-\dfrac{2}{5}x-5y$
$=3x-\dfrac{2}{5}x-6y-5y$
$=\dfrac{15}{5}x-\dfrac{2}{5}x-11y$
$=\dfrac{13}{5}x-11y$
$(3x-6y)-\left(-\dfrac{2}{5}x-5y\right)=3x-6y+\dfrac{2}{5}x+5y$
$=3x+\dfrac{2}{5}x-6y+5y$
$=\dfrac{15}{5}x+\dfrac{2}{5}x-y$
$=\dfrac{17}{5}x-y$

❹ (1) $5x-3y$　(2) $a-5$

解き方 (2) ひく式の各項の符号を変えて加えます。

```
    3a − b                  3a − b
−) 2a − b +5     ➡     +) −2a + b −5
```

また，式の一部に何もない部分があるときは 0 があると考えて計算します。答えに 0 が出たときは書かないで空欄のままにします。

```
    3a − b
+) −2a + b −5
    a       −5
```

$3a-2a=a$，$-b-(-b)=0$，
$0-5=-5$

5 (1) $-15a+40b$ (2) $8a-b$

(3) $11x-10y$ (4) $2x-10y-4$

(5) $\frac{5}{12}x-\frac{3}{4}y$ (6) $\frac{5x+5y}{6}$

解き方 多項式と数の乗法は，分配法則を使います。多項式と数の除法は，乗法の形に直します。

(1) $-5(3a-8b)=-5\times3a+(-5)\times(-8b)$
$=-15a+40b$

(2) $(48a-6b)\div6=(48a-6b)\times\frac{1}{6}$
$=\frac{48a}{6}-\frac{6b}{6}$
$=8a-b$

(3) $3(x-2y)+4(2x-y)=3x-6y+8x-4y$
$=11x-10y$

(4) $4(2x-3y-1)-2(3x-y)$
$=8x-12y-4-6x+2y$
$=2x-10y-4$

(5) $\frac{1}{3}(2x-3y)-\frac{1}{4}(x-y)$
$=\frac{2}{3}x-y-\frac{1}{4}x+\frac{1}{4}y$
$=\frac{8}{12}x-\frac{3}{12}x-\frac{4}{4}y+\frac{1}{4}y$
$=\frac{5}{12}x-\frac{3}{4}y$

(6) 通分してから計算します。

$\frac{4x-2y}{3}-\frac{x-3y}{2}=\frac{2(4x-2y)}{6}-\frac{3(x-3y)}{6}$
$=\frac{2(4x-2y)-3(x-3y)}{6}$
$=\frac{8x-4y-3x+9y}{6}$
$=\frac{5x+5y}{6}$

参考 $\frac{5}{6}x+\frac{5}{6}y$ と答えてもよいです。

6 (1) 3 (2) 14

解き方 はじめに式を簡単にしてから，x，y の値を代入します。負の数は，かっこをつけて代入します。

(1) $(5x-4y)-(3x-y)=5x-4y-3x+y$
$=2x-3y$ ← 式を簡単にしておく。

この式に，$x=\frac{1}{2}$，$y=-\frac{2}{3}$ を代入して

$2x-3y=2\times\frac{1}{2}-3\times\left(-\frac{2}{3}\right)=1+2=3$

(2) $7(x-y)-5(3x+4y)=7x-7y-15x-20y$
$=-8x-27y$ ← 式を簡単にしておく。

この式に，$x=\frac{1}{2}$，$y=-\frac{2}{3}$ を代入して

$-8x-27y=-8\times\frac{1}{2}-27\times\left(-\frac{2}{3}\right)=-4+18=14$

7 (1) $-6ab$ (2) $-\frac{3}{2}xy^2$ (3) $\frac{3}{4}xy^2$

(4) $-3xy$ (5) $\frac{1}{4}$ (6) $-\frac{7}{16}xy$

解き方 単項式どうしの乗法は，係数の積に文字の積をかけます。除法は分数の形になおし，約分します。

(2) $\frac{3}{8}x\times(-4y^2)=-\frac{3x\times4y^2}{8}$
$=-\frac{3\times\overset{1}{\cancel{4}}\times x\times y\times y}{\underset{2}{\cancel{8}}}$
$=-\frac{3}{2}xy^2$

(3) 累乗の計算を先にします。

$\frac{x}{3}\times\left(-\frac{3}{2}y\right)^2=\frac{x}{3}\times\frac{9}{4}y^2$
$=\frac{3}{4}xy^2$

(4) $(-6x^2y)\div2x=(-6x^2y)\times\frac{1}{2x}$
$=-\frac{6x^2y}{2x}$
$=-\frac{\overset{3}{\cancel{6}}\times\overset{1}{\cancel{x}}\times x\times y}{\underset{1}{\cancel{2}}\times\underset{1}{\cancel{x}}}$
$=-3xy$

(5) $3a^2\div12a^2=3a^2\times\frac{1}{12a^2}$
$=\frac{3a^2}{12a^2}$
$=\frac{\overset{1}{\cancel{3}}\times\overset{1}{\cancel{a}}\times\overset{1}{\cancel{a}}}{\underset{4}{\cancel{12}}\times\underset{1}{\cancel{a}}\times\underset{1}{\cancel{a}}}$
$=\frac{1}{4}$

(6) $-\frac{7}{12}x^2y\div\frac{4}{3}x=-\frac{7x^2y}{12}\div\frac{4x}{3}$
$=-\frac{7x^2y}{12}\times\frac{3}{4x}$
$=-\frac{7\times\overset{x}{\cancel{x^2}}\times y\times\overset{1}{\cancel{3}}}{\underset{4}{\cancel{12}}\times4\times\underset{1}{\cancel{x}}}$
$=-\frac{7}{16}xy$

❽ (1) $-2a$　(2) $2x^2$
(3) 1　(4) $-30x^3$

解き方 乗除の混じった計算は，累乗の計算があれば先にします。次に，全体が ＋ か － かを考え，残りを分数の形にして計算します。係数が整数の場合，× の後ろの項は分子に，÷ の後ろの項は分母にかけることになります。

(1) $4a^2b\times(-3b)\div6ab^2=4a^2b\times(-3b)\times\frac{1}{6ab^2}$
$=-\frac{4a^2b\times3b}{6ab^2}$
$=-2a$

(2) $\frac{1}{4}x\times(-4x)^2\div2x=\frac{1}{4}x\times16x^2\times\frac{1}{2x}$
$=\frac{x\times16x^2}{4\times2x}$
$=2x^2$

(3) $-24a^3\div12a^2\div(-2a)$
$=-24a^3\times\frac{1}{12a^2}\times\left(-\frac{1}{2a}\right)$
$=\frac{24a^3}{12a^2\times2a}$
$=1$

(4) $2x^2y\div\frac{2}{5}y\times(-6x)=2x^2y\div\frac{2y}{5}\times(-6x)$
$=2x^2y\times\frac{5}{2y}\times(-6x)$
$=-\frac{2x^2y\times5\times6x}{2y}$
$=-30x^3$

2節 文字式の利用

p.6-7 Step❷

❶ (例)2つの整数が，奇数と偶数のとき，m，n を整数とすると，これらは，$2m+1$，$2n$ と表される。このとき，2数の差は，
$(2m+1)-2n=2m-2n+1$
$=2(m-n)+1$
$m-n$ は整数だから，$2(m-n)+1$ は奇数である。
したがって，奇数と偶数の差は奇数である。

解き方 奇数であることを説明するために，$2\times$(整数)$+1$ の形をつくりましょう。

❷ (例)連続する3つの自然数のうち，最小の数を n とすると，連続する3つの自然数は，n，$n+1$，$n+2$ と表される。このとき，これらの和は，
$n+(n+1)+(n+2)=3n+3$
$=3(n+1)$
$n+1$ は整数だから，$3(n+1)$ は3の倍数である。
したがって，連続する3つの自然数の和は3の倍数である。

解き方 連続する3つの自然数の和が，$3\times$(整数)の形になっていれば3の倍数といえます。

❸ (例)2つの整数が，ともに奇数のとき，m，n を整数とすると，これらは，$2m+1$，$2n+1$ と表される。このとき，2数の差は，
$(2m+1)-(2n+1)=2m-2n$
$=2(m-n)$
$m-n$ は整数だから，$2(m-n)$ は偶数である。
したがって，2つの奇数の差は偶数である。

解き方 2つの奇数の差が，$2\times$(整数)の形になっていれば偶数(2の倍数)といえます。

❹ $V=\frac{1}{3}\pi r^2h$，$h=\frac{3V}{\pi r^2}$

解き方 $V=\frac{1}{3}\pi r^2h$ の両辺を入れかえて，
$\frac{1}{3}\pi r^2h=V$
両辺に3をかけて $\pi r^2h=3V$
両辺を πr^2 でわって $h=\frac{3V}{\pi r^2}$

❺ $\frac{1}{3}$倍

解き方 (円柱 A の体積)$=\pi r^2\times h=\pi r^2 h$

(円柱 B の体積)$=\pi\times(3r)^2\times\frac{1}{3}h=3\pi r^2 h$

(円柱 A の体積)÷(円柱 B の体積)$=\pi r^2 h\div 3\pi r^2 h=\frac{1}{3}$

❻ (例)正方形で囲まれた 4 つの数のうち，左上の数を n とすると，右上の数は $n+1$，左下の数は $n+7$，右下の数は $n+8$ と表される。
このとき，これらの和は，

$n+(n+1)+(n+7)+(n+8)=4n+16$
$=4(n+4)$

$n+4$ は整数だから，$4(n+4)$ は 4 の倍数である。
したがって，4 つの数の和は 4 の倍数である。

解き方 この表の数は，右へ 1 つ移動すると 1 増加し，下へ 1 つ移動すると 7 増加することに着目し，4 つの数を 1 つの文字で表しましょう。

❼ (1) $x=2y+10$　(2) $r=\frac{\ell}{2\pi}$
(3) $b=\frac{3}{4}a-2$　(4) $a=\frac{\ell}{5}-b$
(5) $c=3t-a-b$　(6) $b=\frac{2S}{h}-a$

解き方 等式の性質を使って，〔 〕内に指定された文字の項だけが左辺に残るように変形していきます。

(1) $x-2y=10$
$x=2y+10$

(2) $\ell=2\pi r$
$2\pi r=\ell$
$r=\frac{\ell}{2\pi}$

(3) $3a-4b=8$
$-4b=-3a+8$
$4b=3a-8$
$b=\frac{3}{4}a-2$

(4) $\ell=5(a+b)$
$5(a+b)=\ell$
$a+b=\frac{\ell}{5}$
$a=\frac{\ell}{5}-b$

(5) $t=\frac{1}{3}(a+b+c)$
$\frac{1}{3}(a+b+c)=t$
$a+b+c=3t$
$c=3t-a-b$

(6) $S=\frac{(a+b)h}{2}$
$\frac{(a+b)h}{2}=S$
$(a+b)h=2S$
$a+b=\frac{2S}{h}$
$b=\frac{2S}{h}-a$

p.8-9 Step ❸

❶ (1) ㋐，㋒　(2) 3　(3) $3x^2y$，$-6xy$，-8
(4) 3　(5) $-\frac{1}{3}$

❷ (1) $7a-3b$　(2) $-9x^2-x$　(3) $0.8x+2.5y$
(4) $14x-9y$　(5) $\frac{1}{6}x-\frac{7}{2}y$　(6) $\frac{a+19b}{12}$

❸ (1) $5a+b$　(2) $2x+9y-7$

❹ (1) $12xy$　(2) $9x^2$　(3) a^6　(4) $-6x^2y^2$
(5) $4y$　(6) $-2y$　(7) $4b^2$　(8) $-\frac{7}{3}xy^2$

❺ (1) 100　(2) -2.6

❻ (1) $y=-\frac{2}{3}x+\frac{10}{3}$　(2) $a=\frac{2S}{h}$

❼ 2 倍

❽ (例)2 つの自然数がともに 3 の倍数のとき，m，n を自然数とすると，これらは $3m$，$3n$ と表される。このとき，2 数の和は，
$3m+3n=3(m+n)$
$m+n$ は自然数だから，$3(m+n)$ は 3 の倍数である。したがって，2 つの自然数がともに 3 の倍数のとき，その和は 3 の倍数である。

解き方

❶ (1) 数や文字の乗法だけでできている式を単項式といいます。
(2) $4x^3=4\times x\times x\times x$ だから，次数は 3 です。
(4) 多項式では，各項の次数のうちでもっとも大きいものを，その多項式の次数といいます。
$3x^2y$ の次数は 3，$-6xy$ の次数は 2 です。
(5) $-\frac{y}{3}=-\frac{1}{3}y$ より，y の係数は $-\frac{1}{3}$

❷ いずれも同類項をまとめます。かっこのある式はかっこをはずします。
(1) $4a-5b+3a+2b=4a+3a-5b+2b$
$=7a-3b$
(2) $-2x^2+4x-7x^2-5x=-2x^2-7x^2+4x-5x$
$=-9x^2-x$
(3) $2.3x+0.6y-1.5x+1.9y$
$=2.3x-1.5x+0.6y+1.9y$
$=0.8x+2.5y$

(4) $3(2x+y)+4(2x-3y)$
$=6x+3y+8x-12y$
$=6x+8x+3y-12y$
$=14x-9y$

(5) $\frac{1}{3}(2x-3y)-\frac{1}{2}(x+5y)$
$=\frac{2}{3}x-y-\frac{1}{2}x-\frac{5}{2}y$
$=\frac{4}{6}x-\frac{3}{6}x-\frac{2}{2}y-\frac{5}{2}y$
$=\frac{1}{6}x-\frac{7}{2}y$

(6) 通分してから計算します。

$$\frac{3a+b}{4}-\frac{2a-4b}{3}=\frac{3(3a+b)}{12}-\frac{4(2a-4b)}{12}$$
$$=\frac{3(3a+b)-4(2a-4b)}{12}$$
$$=\frac{9a+3b-8a+16b}{12}$$
$$=\frac{9a-8a+3b+16b}{12}$$
$$=\frac{a+19b}{12}$$

参考 $\frac{1}{12}a+\frac{19}{12}b$ と答えてもよいです。

❸ (2) ひく式の各項の符号を変えて加えます。

```
    4x + 5y − 7          4x + 5y − 7
−) 2x − 4y       ➡    +) − 2x + 4y
```

また，式の一部に何もない部分があるときは 0 があると考えて計算します。

$4x-2x=2x$,
$5y-(-4y)=9y$,
$-7-0=-7$

```
    4x + 5y − 7
+) − 2x + 4y
    2x + 9y − 7
```

❹ 単項式どうしの乗法は，係数の積に文字の積をかけます。除法は，分数の形にしたり，わる式の逆数をかける形にしたりして計算します。

(1) $3x\times4y=(3\times x)\times(4\times y)$
$=3\times4\times x\times y$
$=12xy$

(2) $(-3x)^2=(-3x)\times(-3x)$
$=9x^2$

(3) $a^2\times a^3\times a=(a\times a)\times(a\times a\times a)\times a$
$=a^6$

(4) $\frac{2}{3}x\times(-9xy^2)=-\frac{2x\times9xy^2}{3}$
$=-6x^2y^2$

(5) $12xy\div3x=\frac{12xy}{3x}$
$=4y$

(6) $\left(-\frac{4}{3}xy^2\right)\div\frac{2}{3}xy=\left(-\frac{4xy^2}{3}\right)\div\frac{2xy}{3}$
$=\left(-\frac{4xy^2}{3}\right)\times\frac{3}{2xy}$
$=-\frac{\overset{2}{\cancel{4}}\times\overset{1}{\cancel{x}}\times\overset{y}{\cancel{y^2}}\times\overset{1}{\cancel{3}}}{\underset{1}{\cancel{3}}\times\underset{1}{\cancel{2}}\times\underset{1}{\cancel{x}}\times\underset{1}{\cancel{y}}}$
$=-2y$

(7) $12ab\times(-3ab^2)\div(-9a^2b)=\frac{12ab\times3ab^2}{9a^2b}$
$=4b^2$

(8) $\left(-\frac{2}{3}xy\right)\div2x\times7xy=-\frac{2xy\times7xy}{3\times2x}$
$=-\frac{7}{3}xy^2$

❺ (1) $(7x-2y)-(-3x+8y)=7x-2y+3x-8y$
$=10x-10y$

この式に，$x=6.3$，$y=-3.7$ を代入して，
$10x-10y=10\times6.3-10\times(-3.7)=63+37=100$

(2) $-6(6x-8y)+7(5x-7y)$
$=-36x+48y+35x-49y$
$=-x-y$

この式に，$x=6.3$，$y=-3.7$ を代入して，
$-x-y=-6.3-(-3.7)=-6.3+3.7=-2.6$

❻ 等式の性質を使って，〔　〕内に指定された文字の項だけが左辺に残るように変形していきます。

(1) $2x+3y=10$
$3y=-2x+10$
$y=-\frac{2}{3}x+\frac{10}{3}$

(2) $S=\frac{1}{2}ah$ の両辺を入れかえて，$\frac{1}{2}ah=S$

両辺に 2 をかけて $ah=2S$

両辺を h でわって $a=\frac{2S}{h}$

❼ (円錐 A の体積)$=\frac{1}{3}\times\pi r^2\times h=\frac{1}{3}\pi r^2h$

(円錐 B の体積)$=\frac{1}{3}\times\pi\times(2r)^2\times\frac{1}{2}h=\frac{2}{3}\pi r^2h$

(円錐Bの体積)÷(円錐Aの体積)
$=\frac{2}{3}\pi r^2h\div\frac{1}{3}\pi r^2h=2$

❽ 3 の倍数であることを示すから，3×(自然数)の形にします。

2章 連立方程式

1節 連立方程式

p.11-12 Step 2

❶ (1) ㋐ 9　㋑ 7　㋒ 7　㋓ 9
(2) ㋔ 9　㋕ 8　㋖ 5　㋗ 14
(3) $(x,\ y)=(8,\ 7)$

解き方 (1)(2) 等式に，x，y のうち，値のわかっているものを代入します。

(1) $x+y=15$ に $x=6$ を代入して，
$6+y=15$
$y=9$
$x+y=15$ に $y=8$ を代入して，
$x+8=15$
$x=7$

(2) $2x+3y=37$ に $x=5$ を代入して，
$10+3y=37$
$y=9$
$2x+3y=37$ に $y=7$ を代入して，
$2x+21=37$
$x=8$

(3) 連立方程式の解は，(1)，(2) のどちらにもあてはまる，x，y の値の組になります。

❷ (1) $(x,\ y)=(-2,\ 8)$　(2) $(x,\ y)=(5,\ -2)$
(3) $(x,\ y)=\left(\frac{1}{2},\ -\frac{1}{3}\right)$　(4) $(x,\ y)=(3,\ -4)$
(5) $(x,\ y)=(-3,\ -3)$

解き方 係数の絶対値が等しいものがない場合は，どちらか一方，もしくは両方の式を何倍かすることで，x か y の係数の絶対値をそろえます。
x か y の一方の係数の絶対値がそろっている連立方程式では，2つの式をたしたりひいたりすることで1つの文字を消去できます。

(1) 2つの式をひいて，x の項を消します。

$$\begin{cases} x+2y=14 & \cdots\cdots① \\ x+y=6 & \cdots\cdots② \end{cases}$$

①－② より，

$$\begin{array}{rr} & x+2y=14 \\ -) & x+\ \ y=6 \\ \hline & y=8 \end{array}$$

$y=8$ を ② に代入すると，
$x+8=6$ より，$x=-2$

(2) 2つの式を加えて，y の項を消します。

$$\begin{cases} 4x+3y=14 & \cdots\cdots① \\ x-3y=11 & \cdots\cdots② \end{cases}$$

①＋② より，

$$\begin{array}{rr} & 4x+3y=14 \\ +) & x-3y=11 \\ \hline & 5x\qquad=25 \\ & x=5 \end{array}$$

$x=5$ を ② に代入すると，
$5-3y=11$ より，$y=-2$

(3) 一方の式を整数倍して，x または y の係数の絶対値が同じになるようにします。

$$\begin{cases} 4x+3y=1 & \cdots\cdots① \\ 10x+9y=2 & \cdots\cdots② \end{cases}$$

$$\begin{array}{lrr} ①\times3 & & 12x+9y=3 \\ ② & -) & 10x+9y=2 \\ \hline & & 2x\qquad=1 \\ & & x=\frac{1}{2} \end{array}$$

$x=\frac{1}{2}$ を ① に代入すると，$2+3y=1$ より，$y=-\frac{1}{3}$

(4) 2つの式をそれぞれ整数倍して，x または y の係数の絶対値が等しくなるようにします。

$$\begin{cases} 4x+5y=-8 & \cdots\cdots① \\ 3x+2y=1 & \cdots\cdots② \end{cases}$$

$$\begin{array}{lrr} ①\times3 & & 12x+15y=-24 \\ ②\times4 & -) & 12x+\ \ 8y=\ \ \ \ 4 \\ \hline & & 7y=-28 \\ & & y=-4 \end{array}$$

$y=-4$ を ② に代入すると，$3x-8=1$ より，$x=3$

(5) ●x＋▲y＝■となるように，2式をそれぞれ整理します。

$$\begin{cases} x-3y-6=0 & \cdots\cdots① \\ 8x-4y+12=0 & \cdots\cdots② \end{cases}$$

① より，$x-3y=6$ ……①′
② より，$2x-y=-3$ ……②′

$$\begin{array}{lrr} ①'\times2 & & 2x-6y=12 \\ ②' & -) & 2x-\ \ y=-3 \\ \hline & & -5y=15 \\ & & y=-3 \end{array}$$

$y=-3$ を ①′ に代入すると，$x+9=6$ より，$x=-3$

▶本文 p.12

❸ (1) $(x,\ y)=(2,\ -4)$ (2) $(x,\ y)=(2,\ 6)$
(3) $(x,\ y)=(1,\ -2)$

解き方 一方の式を他方の式に代入することによって，1つの文字を消去して解きます。

(1) $\begin{cases} x=2y+10 & \cdots\cdots① \\ 3x+y=2 & \cdots\cdots② \end{cases}$

①を②に代入すると，

$3(2y+10)+y=2$

$6y+30+y=2$

$7y=-28$

$y=-4$

$y=-4$ を①に代入すると，$x=2$

(2) $\begin{cases} y=4x-2 & \cdots\cdots① \\ y=x+4 & \cdots\cdots② \end{cases}$

②を①に代入すると，

$x+4=4x-2$

$x-4x=-2-4$

$-3x=-6$

$x=2$

$x=2$ を①に代入すると，$y=6$

(3) $\begin{cases} 3x-2y=7 & \cdots\cdots① \\ 2y=5x-9 & \cdots\cdots② \end{cases}$

②を①に代入すると，

$3x-(5x-9)=7$

$3x-5x+9=7$

$-2x=-2$

$x=1$

$x=1$ を②に代入すると，$2y=-4$，$y=-2$

❹ (1) $(x,\ y)=(-4,\ 8)$ (2) $(x,\ y)=(4,\ 1)$
(3) $(x,\ y)=(2,\ 0)$ (4) $(x,\ y)=(3,\ 2)$
(5) $(x,\ y)=(-1,\ 7)$ (6) $(x,\ y)=(2,\ 5)$

解き方 (1)(2) かっこをはずして，式を整理してから，加減法または代入法で解きます。

(1) $\begin{cases} 7x+2y=-12 & \cdots\cdots① \\ 5x-4(3-y)=0 & \cdots\cdots② \end{cases}$

②より，$5x+4y=12$ ……②′

$$\begin{array}{lrl} ①\times2 & 14x+4y= & -24 \\ ②' & -)\ \ 5x+4y= & 12 \\ \hline & 9x\qquad = & -36 \\ & x= & -4 \end{array}$$

$x=-4$ を①に代入すると，$y=8$

(2) $\begin{cases} 4x-(3x+2y)=2 & \cdots\cdots① \\ 2y-3(x-y)=-7 & \cdots\cdots② \end{cases}$

①より，$x-2y=2$ ……①′

②より，$-3x+5y=-7$ ……②′

$$\begin{array}{lrl} ①'\times3 & 3x-6y= & 6 \\ ②' & +)\ -3x+5y= & -7 \\ \hline & -y= & -1 \\ & y= & 1 \end{array}$$

$y=1$ を①′に代入すると，$x=4$

(3)(4) 係数に分数をふくむ方程式は，係数がすべて整数になるように変形します。

(3) 下の式の両辺に6をかけます。

$\begin{cases} 2x+y=4 \\ 3x+2y=6 \end{cases}$

(4) 上の式の両辺に6をかけて整理します。下の式を●x＋▲y＝■となるように整理します。

$\begin{cases} x-2y=-1 \\ 4x+5y=22 \end{cases}$

(5)(6) 係数に小数をふくむ方程式は，10，100，…などを両辺にかけて，係数を整数にします。

(5) 上の式の両辺に10をかけます。

$\begin{cases} x+3y=20 \\ x-5y=-36 \end{cases}$

(6) 上の式の両辺にも下の式の両辺にも10をかけます。

$\begin{cases} 5x+12y=70 \\ 3x-15y=-69 \end{cases}$

❺ $(x,\ y)=(3,\ 1)$

解き方 $A=B=C$ の形の連立方程式は，

$\begin{cases} A=B \\ A=C \end{cases}$ $\begin{cases} A=B \\ B=C \end{cases}$ $\begin{cases} A=C \\ B=C \end{cases}$

の，どの組み合わせをつくって解いてもよいです。

$\begin{cases} 2x+y=7 & \cdots\cdots① \\ x+4y=7 & \cdots\cdots② \end{cases}$

とすると，

$$\begin{array}{lrl} ① & 2x+y= & 7 \\ ②\times2 & -)\ \ 2x+8y= & 14 \\ \hline & -7y= & -7 \\ & y= & 1 \end{array}$$

$y=1$ を②に代入すると，$x+4=7$ より，$x=3$

2節 連立方程式の利用

p.14-15 Step 2

❶ 鉛筆1本50円，ノート1冊140円

解き方 2通りの買い方の代金について，式をつくります。

鉛筆1本をx円，ノート1冊をy円とすると，鉛筆6本とノート4冊を買うと860円だから，

$6x+4y=860$

また，同じ鉛筆4本と同じノート5冊を買うと900円だから，

$4x+5y=900$

よって，次の連立方程式がつくれます。加減法で解きます。

$$\begin{cases} 6x+4y=860 & \cdots\cdots① \\ 4x+5y=900 & \cdots\cdots② \end{cases}$$

$$\begin{array}{lrcl} ①\times2 & 12x+8y & = & 1720 \\ ②\times3 & -)\ 12x+15y & = & 2700 \\ \hline & -7y & = & -980 \\ & y & = & 140 \end{array}$$

$y=140$を①に代入すると，

$6x+560=860$より，$x=50$

❷ $a=4$，$b=2$

解き方 連立方程式$\begin{cases} ax+by=8 \\ bx+ay=-2 \end{cases}$の解が

$(x,\ y)=(3,\ -2)$だから，解を連立方程式に代入すると，次のa，bについての連立方程式がつくれます。

$$\begin{cases} 3a-2b=8 & \cdots\cdots① \\ 3b-2a=-2 & \cdots\cdots② \end{cases}$$

②より，$-2a+3b=-2$ ……②′

$$\begin{array}{lrcl} ①\times3 & 9a-6b & = & 24 \\ ②'\times2 & +)\ -4a+6b & = & -4 \\ \hline & 5a & = & 20 \\ & a & = & 4 \end{array}$$

$a=4$を①に代入すると，

$12-2b=8$より，$b=2$

❸ 今年の男子220人，今年の女子156人

解き方 昨年の生徒数と今年の生徒数で連立方程式をつくります。

昨年の男子の生徒数をx人，昨年の女子の生徒数をy人とすると，昨年の全校生徒数が400人であることから，$x+y=400$

今年の男子の生徒数は，昨年より12%減ったので，昨年の88%ということになり，今年の男子の生徒数をxを使って表すと，$\frac{88}{100}x$人です。

今年の女子の生徒数は，昨年より4%増えたので，昨年の104%ということになり，今年の女子の生徒数をyを使って表すと，$\frac{104}{100}y$人です。

今年の全校生徒数は，昨年より24人減ったので，

$400-24=376$(人)

したがって，$\frac{88}{100}x+\frac{104}{100}y=376$

よって，次の連立方程式がつくれます。

$$\begin{cases} x+y=400 & \cdots\cdots① \\ \frac{88}{100}x+\frac{104}{100}y=376 & \cdots\cdots② \end{cases}$$

②×100より，$88x+104y=37600$

両辺を8でわると，$11x+13y=4700$ ……②′

$$\begin{array}{lrcl} ②' & 11x+13y & = & 4700 \\ ①\times11 & -)\ 11x+11y & = & 4400 \\ \hline & 2y & = & 300 \\ & y & = & 150 \end{array}$$

$y=150$を①に代入すると，

$x+150=400$より，$x=250$

よって，今年の生徒数はそれぞれ，

男子$\frac{88}{100}\times250=220$(人)

女子$\frac{104}{100}\times150=156$(人)

別解 増加を正の数，減少を負の数で表すと，今年の男子の生徒数は，昨年より12%減ったので，$-\frac{12}{100}x$人です。今年の女子の生徒数は，昨年より4%増えたので，$+\frac{4}{100}y$人です。

今年の全校生徒数は，昨年より24人減ったので，-24人と表せることから，

$-\frac{12}{100}x+\frac{4}{100}y=-24$ ……③

①と③で連立方程式をつくってもよいです。

❹ 3人乗り8艇，2人乗り7艇

解き方 ボートの艇数とクラスの人数で連立方程式をつくります。

3人乗りのボートをx艇，2人乗りのボートをy艇とすると，ボートの合計が15艇だから，

$x+y=15$

クラスの人数が38人だから，

$3x+2y=38$

よって，次の連立方程式がつくれます。

$$\begin{cases} x+y=15 & \cdots\cdots ① \\ 3x+2y=38 & \cdots\cdots ② \end{cases}$$

$$\begin{array}{lrl} ② & 3x+2y & =38 \\ ①\times 2 & -)\ 2x+2y & =30 \\ \hline & x & =8 \end{array}$$

$x=8$を①に代入すると，

$8+y=15$より，$y=7$

❺ 自転車で進んだ道のり5km，
歩いた道のり2km

解き方 道のりと時間で連立方程式をつくります。時間の単位に注意しましょう。下のような線分図をかくと，よりわかりやすくなります。

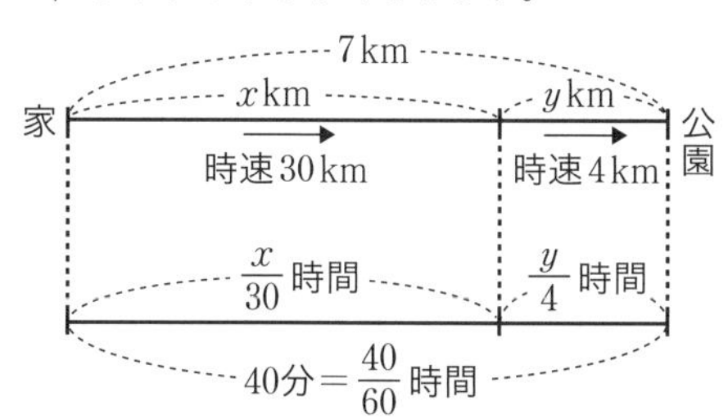

自転車で進んだ道のりを$x$km，歩いた道のりを$y$kmとすると，家から公園まで7km離れているので，

$x+y=7$

$(時間)=\frac{(道のり)}{(速さ)}$だから，自転車で進んだ時間は$\frac{x}{30}$時間，歩いた時間は$\frac{y}{4}$時間です。

家を出発してから公園に着くまでにかかった時間は，

40分$=\frac{40}{60}$時間だから，

$\frac{x}{30}+\frac{y}{4}=\frac{40}{60}$

よって，次の連立方程式がつくれます。

$$\begin{cases} x+y=7 & \cdots\cdots ① \\ \frac{x}{30}+\frac{y}{4}=\frac{40}{60} & \cdots\cdots ② \end{cases}$$

②×60より，$2x+15y=40$ ……②′

$$\begin{array}{lrl} ②' & 2x+15y & =40 \\ ①\times 2 & -)\ 2x+\ 2y & =14 \\ \hline & 13y & =26 \\ & y & =2 \end{array}$$

$y=2$を①に代入すると，

$x+2=7$より，$x=5$

❻ 商品A20個，商品B10個

解き方 商品Aをx個，商品Bをy個つめるとして，連立方程式をつくり，加減法で解きます。

$$\begin{cases} x+y=30 & \cdots\cdots ① \\ 50x+30y+200=1500 & \cdots\cdots ② \end{cases}$$

②を整理すると，$50x+30y=1300$

$5x+3y=130$ ……③

$$\begin{array}{lrl} ①\times 3 & 3x+3y & =90 \\ ③ & -)\ 5x+3y & =130 \\ \hline & -2x & =-40 \\ & x & =20 \end{array}$$

$x=20$を①に代入すると，$20+y=30$より，$y=10$

❼ 27

解き方 もとの整数の十の位の数をx，一の位の数をyとすると，もとの整数は$10x+y$，十の位の数と一の位の数を入れかえてできる2けたの整数は$10y+x$と表せます。

もとの2けたの整数は，各位の数の和の3倍と等しいので，$10x+y=3(x+y)$

また，十の位の数と一の位の数を入れかえてできる2けたの整数は，もとの整数の3倍よりも9小さいので，

$10y+x=3(10x+y)-9$

よって，次の連立方程式がつくれます。

$$\begin{cases} 10x+y=3(x+y) & \cdots\cdots ① \\ 10y+x=3(10x+y)-9 & \cdots\cdots ② \end{cases}$$

①より，$7x-2y=0$ ……①′

②より，$-29x+7y=-9$ ……②′

$$\begin{array}{lrl} ①'\times 7 & 49x-14y & =0 \\ ②'\times 2 & +)\ -58x+14y & =-18 \\ \hline & -9x & =-18 \\ & x & =2 \end{array}$$

$x=2$を①′に代入すると，$14-2y=0$より，$y=7$

もとの整数は$10x+y$だから，27

❽ 3%の食塩水 250g，9%の食塩水 50g

解き方 食塩水の質量の関係と食塩水にとけている食塩の質量の関係で連立方程式をつくります。

3% の食塩水を xg，9% の食塩水を yg とすると，つくる 4% の食塩水は 300g だから，

$x+y=300$

また，3% の食塩水 xg にとけている食塩の質量は $\frac{3}{100}x$ g，9% の食塩水 yg にとけている食塩の質量は $\frac{9}{100}y$ g，4% の食塩水 300g にとけている食塩の質量は $300\times\frac{4}{100}$ (g) だから，

$\frac{3}{100}x+\frac{9}{100}y=300\times\frac{4}{100}$

よって，次の連立方程式がつくれます。

$$\begin{cases} x+y=300 & \cdots\cdots① \\ \frac{3}{100}x+\frac{9}{100}y=300\times\frac{4}{100} & \cdots\cdots② \end{cases}$$

②×100 より，$3x+9y=1200$

両辺を 3 でわると，$x+3y=400$ ……②′

$$\begin{array}{lrl} ②' & x+3y &= 400 \\ ① & -)\ \ x+\ y &= 300 \\ \hline & 2y &= 100 \\ & y &= 50 \end{array}$$

$y=50$ を①に代入すると，

$x+50=300$ より，$x=250$

p.16-17 Step 3

❶ $(x,\ y)=(2,\ 4),\ (4,\ 1)$

❷ (1) $(x,\ y)=(4,\ 1)$ (2) $(x,\ y)=(5,\ 3)$

(3) $(x,\ y)=(1,\ 2)$ (4) $(x,\ y)=(2,\ 1)$

(5) $(x,\ y)=(1,\ 2)$ (6) $(x,\ y)=(3,\ -2)$

(7) $(x,\ y)=(4,\ 3)$ (8) $(x,\ y)=(4,\ -2)$

❸ $(x,\ y)=(3,\ -2)$

❹ おとな 1 人の入館料 800 円，

中学生 1 人の入館料 500 円

❺ 姉 5000 円，妹 4000 円

❻ (1) $\begin{cases} x+y=620 \\ \frac{6}{100}x-\frac{5}{100}y=2 \end{cases}$

(2) 男子 300 人，女子 320 人

(3) 男子 318 人，女子 304 人

❼ (1) $\begin{cases} 1600+x=60y \\ 2500+x=90y \end{cases}$

(2) 列車の長さ 200m，列車の速さ　秒速 30m

解き方

❶ x に 1，2，…と代入して，y の値を求めます。

x	1	2	3	4	5	…
y	$\frac{11}{2}$	4	$\frac{5}{2}$	1	$-\frac{1}{2}$	…

x の値が 5 以上になると，y の値は負の数になるので，y が自然数となることはありません。

だから，$(x,\ y)=(2,\ 4),\ (4,\ 1)$

❷ (6) $\begin{cases} 2x+y=4 & \cdots\cdots① \\ 0.3x+0.1y=0.7 & \cdots\cdots② \end{cases}$

②×10 より，$3x+y=7$ ……②′

$$\begin{array}{lrl} ②' & 3x+\ y &= 7 \\ ① & -)\ \ 2x+\ y &= 4 \\ \hline & x\ \ \ \ &= 3 \end{array}$$

$x=3$ を①に代入すると，$6+y=4$ より，$y=-2$

(7) $\begin{cases} x+2y=10 & \cdots\cdots① \\ \frac{3}{4}x-\frac{1}{3}y=2 & \cdots\cdots② \end{cases}$

②×12 より，$9x-4y=24$ ……②′

$$\begin{array}{lrl} ①\times2 & 2x+4y &= 20 \\ ②' & +)\ \ 9x-4y &= 24 \\ \hline & 11x\ \ \ \ &= 44 \\ & x &= 4 \end{array}$$

$x=4$ を①に代入すると，$4+2y=10$ より，$y=3$

(8) $\begin{cases} 0.1x-0.3y=1 & \cdots\cdots① \\ 2x-\dfrac{y+2}{3}=8 & \cdots\cdots② \end{cases}$

①×10 より，$x-3y=10$ ……①′

②×3 より，$6x-(y+2)=24$

$6x-y=26$ ……②′

$$\begin{array}{lrl} ①'\times6 & 6x-18y & =60 \\ ②' & -)\quad 6x-\ \ y & =26 \\ \hline & -17y & =34 \\ & y & =-2 \end{array}$$

$y=-2$ を①′に代入すると，$x+6=10$ より，$x=4$

❸ $A=B=C$ の形の連立方程式は，

$\begin{cases} A=B \\ A=C \end{cases}$　$\begin{cases} A=B \\ B=C \end{cases}$　$\begin{cases} A=C \\ B=C \end{cases}$

の，どの組み合わせをつくって解いてもよいです。

$\begin{cases} 2x-y=8 \\ 6x+5y=8 \end{cases}$

として，これを解くと，$(x,\ y)=(3,\ -2)$

❹ おとな 1 人の入館料を x 円，中学生 1 人の入館料を y 円とすると，

おとな 2 人と中学生 1 人で 2100 円だから，

$2x+y=2100$

おとな 1 人と中学生 2 人で 1800 円だから，

$x+2y=1800$

よって，次の連立方程式がつくれます。

$\begin{cases} 2x+y=2100 \\ x+2y=1800 \end{cases}$

これを解くと，$(x,\ y)=(800,\ 500)$

❺ はじめに持っていたお金を，姉が x 円，妹が y 円とすると，姉は持っていたお金の 90% を出したので $\dfrac{90}{100}x$ 円，妹は持っていたお金の 80% を出したので $\dfrac{80}{100}y$ 円出したことになります。

よって，$\dfrac{90}{100}x+\dfrac{80}{100}y=7700$

また，それぞれ残っているお金は，はじめに持っていたお金の，姉は 10% だから $\dfrac{10}{100}x$ 円，妹は 20% だから $\dfrac{20}{100}y$ 円で，残っているお金は，妹の方が 300 円多いので，$\dfrac{20}{100}y-\dfrac{10}{100}x=300$ です。

よって，次の連立方程式がつくれます。

$\begin{cases} \dfrac{90}{100}x+\dfrac{80}{100}y=7700 \\ \dfrac{20}{100}y-\dfrac{10}{100}x=300 \end{cases}$

これを解くと，$(x,\ y)=(5000,\ 4000)$

❻ (1) 分数を小数で表して，$\begin{cases} x+y=620 \\ 0.06x-0.05y=2 \end{cases}$ としてもよいです。

別解 今年の全校生徒数から次のような連立方程式をつくってもよいです。

$\begin{cases} x+y=620 \\ 1.06x+0.95y=622 \end{cases}$

(2) $\begin{cases} x+y=620 & \cdots\cdots① \\ \dfrac{6}{100}x-\dfrac{5}{100}y=2 & \cdots\cdots② \end{cases}$

②×100 より，$6x-5y=200$ ……②′

①×5＋②′ より，$11x=3300$

$x=300$

$x=300$ を①に代入すると，$y=320$

(3) 今年の男子の人数は，

(昨年の男子の人数)＋(昨年の男子の人数の 6%)

だから，

$300+300\times0.06=318$(人)

女子の数は，

(昨年の女子の人数)－(昨年の女子の人数の 5%)

だから，

$320-320\times0.05=304$(人)

❼ 列車は，鉄橋を渡りはじめてから渡り終わるまでに，(鉄橋の長さ)＋(列車の長さ)を進むことになります。

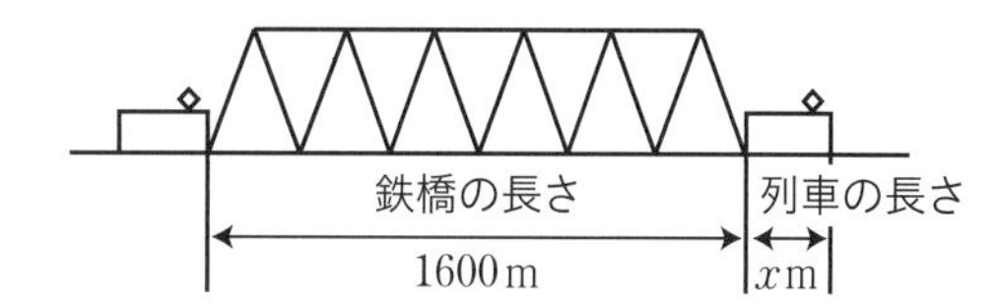

列車は鉄橋を渡りはじめてから渡り終わるまでに，秒速 y m で 60 秒かかるので，

$1600+x=60y$

同様に，2500 m のトンネルにはいりはじめてから出てしまうまでに，90 秒かかるので，

$2500+x=90y$

よって，次の連立方程式がつくれます。

$\begin{cases} 1600+x=60y \\ 2500+x=90y \end{cases}$

これを解くと，$(x,\ y)=(200,\ 30)$

3章 一次関数

1節 一次関数とグラフ

p.19-21 Step 2

1 (1) $y=400-x$　(2) $y=\dfrac{30}{x}$

(3) $y=\dfrac{40}{x}$　(4) $y=150x+200$

(5) $y=x^2$　一次関数であるもの(1), (4)

解き方 (3) $\dfrac{1}{2}\times x\times y=20$ ➡ $y=\dfrac{40}{x}$

$y=ax+b$ の形(y が x の一次式)で表される式が一次関数です。(2), (3) は, x が分母にあるので, 一次式ではありません。(5) は, 二次式です。

2 (1) ㋐ -11　㋑ -8　㋒ -5

㋓ -2　㋔ 1　㋕ 4

㋖ 7

(2) x の増加量 5, y の増加量 15,

変化の割合 3

解き方 (1) x の値が 1 増加すると, y の値は 3 増加することに着目すると, 速く表の空欄をうめることができます。

(2) x の増加量 $=3-(-2)=5$

y の増加量 $=7-(-8)=15$

3 (1) $-\dfrac{2}{3}$　(2) -4

解き方 (1) 変化の割合は一定で, $y=ax+b$ の a に等しいです。

(2) (変化の割合) $=\dfrac{(y\text{の増加量})}{(x\text{の増加量})}$ より,

(y の増加量) = (x の増加量) × (変化の割合)

よって, $6\times\left(-\dfrac{2}{3}\right)=-4$

4 (1) 傾き 2　切片 -5

(2) 傾き $-\dfrac{2}{3}$　切片 $\dfrac{3}{4}$

解き方 直線 $y=ax+b$ で, a は傾き, b は切片を表します。

5

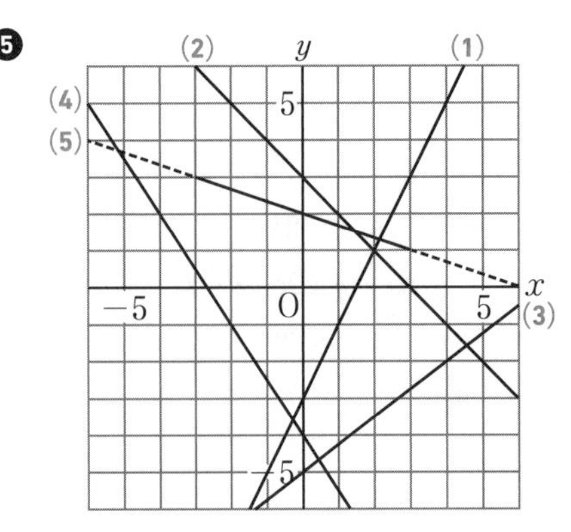

(5) y の変域 $1\leqq y\leqq 3$

解き方 切片や傾きなどをもとにして, グラフが通る 2 点を求めます。次の 2 通りのかき方があります。

① 傾きと切片を求めてかく。

(例) (1) は, 傾き 2, 切片 -3

(2) は, 傾き -1, 切片 3

② y が整数となるような適当な整数を x に選び, 2 点を求めてかく。

(例) (3) は, 2 点 $(0,\ -5)$, $(4,\ -2)$ を通る。

(4) は, 2 点 $(0,\ -4)$, $(-2,\ -1)$ を通る。

(5) 変域の両端の座標を求めてグラフをかきます。

$x=-3$ のとき $y=3$, $x=3$ のとき $y=1$ だから, $(-3,\ 3)$ と $(3,\ 1)$ を結びます。また, 変域の部分は実線で示し, 変域にふくまれない部分は点線で示します。y の変域は, グラフから求めます。

6 (1) $y=-2x+7$　(2) $y=\dfrac{3}{2}x+5$

(3) $y=2x+1$　(4) $y=-\dfrac{3}{4}x+3$

(5) $y=2x+5$　(6) $y=-3x-1$

解き方 求める直線の式を $y=ax+b$ とします。

(1) 傾きが -2 より $a=-2$ だから, $y=-2x+b$

点 $(4,\ -1)$ を通るから, 上の式に $x=4$, $y=-1$ を代入すると, $b=7$

したがって, 求める式は, $y=-2x+7$

(2) 直線 $y=\dfrac{3}{2}x$ に平行なので, 傾きは $\dfrac{3}{2}$ より $a=\dfrac{3}{2}$ だから, $y=\dfrac{3}{2}x+b$

$x=-2$, $y=2$ を代入すると, $b=5$

したがって, 求める式は, $y=\dfrac{3}{2}x+5$

(3) 変化の割合が 2 であるから，$a=2$ で，$y=2x+b$

$x=-6$，$y=-11$ を代入すると，$b=1$

したがって，求める式は，$y=2x+1$

(4) x の増加量が 4 のときの y の増加量が -3 だから，

$(変化の割合)=\dfrac{(y\,の増加量)}{(x\,の増加量)}=-\dfrac{3}{4}$

だから，$y=-\dfrac{3}{4}x+b$

$x=8$，$y=-3$ を代入すると，$b=3$

したがって，求める式は，$y=-\dfrac{3}{4}x+3$

(5) 2 点 $(-1,\ 3)$，$(2,\ 9)$ を通るから，グラフの傾きは，

$\dfrac{9-3}{2-(-1)}=2$ より $a=2$

よって，$y=2x+b$

$x=-1$，$y=3$ を代入すると，$b=5$

したがって，求める式は，$y=2x+5$

別解

$x=-1$ のとき $y=3$ だから，

$3=-a+b$ ……①

$x=2$ のとき $y=9$ だから，

$9=2a+b$ ……②

① と ② を連立方程式として解くと，

$a=2$，$b=5$

したがって，求める式は，$y=2x+5$

(6) $(変化の割合)=\dfrac{-10-5}{3-(-2)}=-3$

だから，$y=-3x+b$

$x=-2$，$y=5$ を代入すると，$b=-1$

したがって，求める式は，$y=-3x-1$

別解

$x=-2$ のとき $y=5$ だから，

$5=-2a+b$ ……①

$x=3$ のとき $y=-10$ だから，

$-10=3a+b$ ……②

① と ② を連立方程式として解くと，

$a=-3$，$b=-1$

したがって，求める式は，$y=-3x-1$

2 節 一次関数と方程式

3 節 一次関数の利用

p.23-27 Step 2

❶ (1) $y=x-4$　(2) $y=-\dfrac{2}{3}x$

(3) $y=-2x+1$　(4) $y=\dfrac{1}{3}x-2$

(5) $y=5$　(6) $x=-4$

(グラフは下の図)

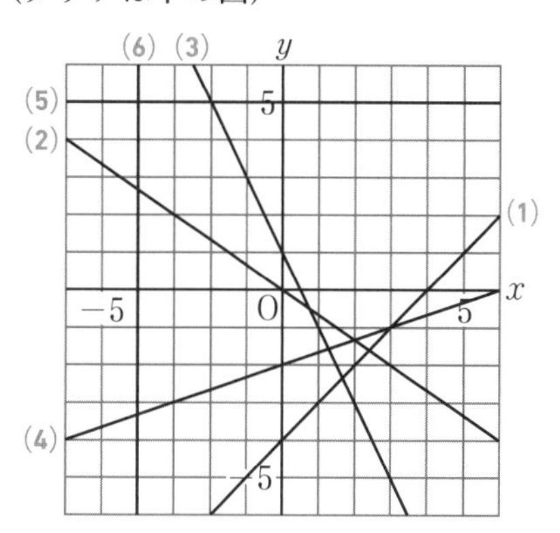

解き方 y について解き，傾きと切片からグラフをかきます。

(4) $x-3y=6$

$-3y=-x+6$

$y=\dfrac{1}{3}x-2$ ➡ 切片は -2，傾きは $\dfrac{1}{3}$

❷ (1) ㊓　(2) ㋒　(3) ㋑　(4) ㋐　(5) ㋔

解き方 y について解きます。

(2) 文字が x だけの式に関しては，x について解きましょう。

❸ (1) $(x,\ y)=(2,\ 1)$　(2) $(x,\ y)=(3,\ -2)$

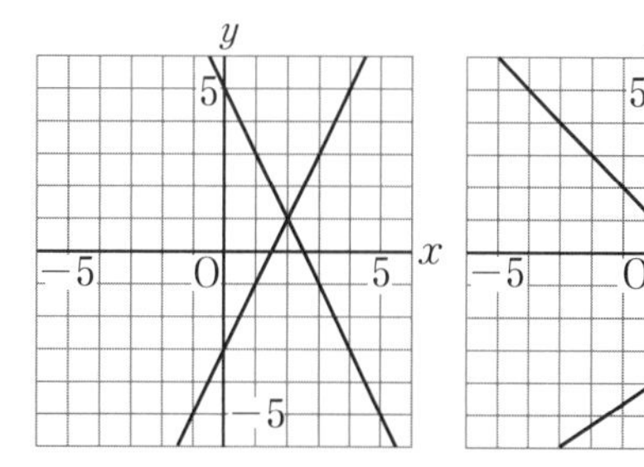

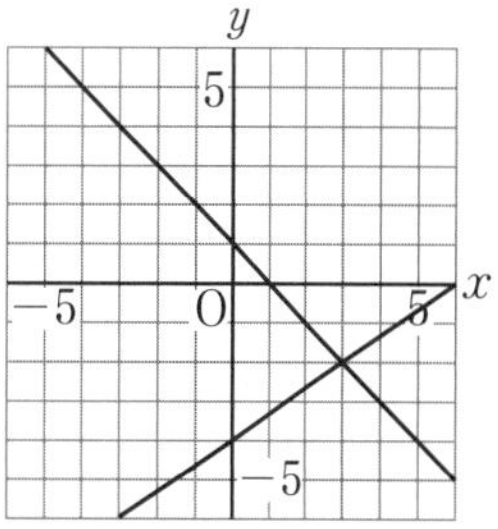

解き方 2 つの方程式のグラフを正しくかき，交点の座標を調べましょう。

❹ (1) $y=-\frac{1}{2}x-\frac{3}{2}$　(2) $y=2x-4$
(3) P(1, −2)

解き方 (1)(2) 求める直線の式を $y=ax+b$ とします。
直線 ℓ について，傾きが $-\frac{1}{2}$ より $a=-\frac{1}{2}$ だから，
$y=-\frac{1}{2}x+b$
点 (3, −3) を通るから，$b=-\frac{3}{2}$
したがって，直線 ℓ の式は，$y=-\frac{1}{2}x-\frac{3}{2}$
直線 m について，傾きが 2 より $a=2$ だから，
$y=2x+b$
点 (4, 4) を通るから，$b=-4$
よって，直線 m の式は，$y=2x-4$ です。
(3) 連立方程式 $\begin{cases} y=-\frac{1}{2}x-\frac{3}{2} \\ y=2x-4 \end{cases}$ を解くと，$x=1$,
$y=-2$ となるから，交点 P の座標は，(1, −2) です。

❺ (1) $y=2x+4$　(2) A(2, 8)
(3) 48

解き方 (1) 直線 ℓ は点 (0, 4) を通るので切片は 4 です。したがって，$y=ax+4$ に直線 ℓ が通るもう 1 つの点 B の座標 (−2, 0) を代入して，$0=-2a+4$,
$a=2$
(2) もう一方の直線は，2 点 (0, 10), (10, 0) を通るので，式は $y=-x+10$
これと直線 ℓ の式を連立方程式とみて解きます。
(3) BC を底辺とすると，BC＝10−(−2)＝12
高さは，A の y 座標より，8 となるので，
$\triangle ABC=\frac{1}{2}\times 12\times 8=48$

❻ (1) 秒速 343 m　(2) $y=0.6x+331$
(3) 1730 m

解き方 (1) 音の速さは気温が 1℃上がるごとに秒速 0.6 m ずつ速くなるので，5℃上がると，$0.6\times 5=3$ より，秒速 3 m 速くなります。
(2) 気温が x℃のときの音の速さは，$y=0.6x+b$ と表せます。気温が 15℃のとき秒速 340 m だから，$x=15$, $y=340$ を代入して，$340=0.6\times 15+b$, $b=331$
(3) 気温が 25℃のときの音の速さは，$y=0.6x+331$ に $x=25$ を代入して，$y=346$ より，秒速 346 m です。

❼ (1) $y=250x+150$
(2) 2650円

解き方 (1) $y=ax+b$ とします。
5 km 乗ると 1400 円だから，$1400=5a+b$ ……①
12 km 乗ると 3150 円だから，$3150=12a+b$ ……②
①，② より，$a=250$, $b=150$
(2) $y=250x+150$ に $x=10$ を代入して，y の値を求めます。

❽ (1) $y=-\frac{4}{9}x+20$
(2) (右の図)
(3) 4 cm

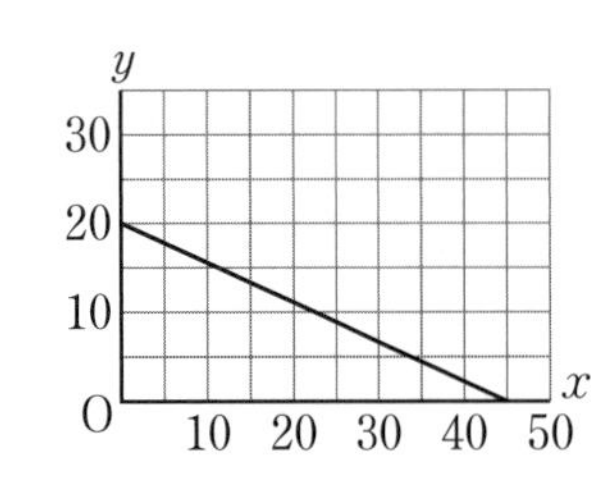

解き方 (1) $y=ax+b$ とします。
0 分後のろうそくの長さは 20 cm だから，
$20=a\times 0+b$ ……①
18 分後のろうそくの長さは 12 cm だから，
$12=18a+b$ ……②
①，② より，$a=-\frac{4}{9}$, $b=20$
(2) $y=-\frac{4}{9}x+20$ に $y=0$ を代入して x の値を求めると，$x=45$ より，45 分後にろうそくは燃えつきることがわかります。
0 分後のろうそくの長さは 20 cm，45 分後のろうそくの長さは 0 cm ですから，2 点 (0, 20) と (45, 0) を線分で結びます。
(3) $y=-\frac{4}{9}x+20$ に $x=36$ を代入して，y の値を求めます。

❾ (1) ばねA 30mm　ばねB 40mm
(2) おもりの重さ 25g，ばねの長さ 45mm

解き方 (1) 何もつるさないから，$x=0$ です。それぞれのグラフで，$x=0$ のときの y の値を読み取ります。
(2) まず，2 つの直線の式を求めます。
ばね A の直線は切片が 30 で，ばね A に 10g のおもりをつるすと 6 mm のびるから，傾きは，$\frac{6}{10}=\frac{3}{5}$ です。よって，ばね A の直線の式は，$y=\frac{3}{5}x+30$

ばねBの直線は切片が40で，ばねBに10gのおもりをつるすと2mmのびるから，傾きは，$\frac{2}{10}=\frac{1}{5}$ です。よって，ばねBの直線の式は，$y=\frac{1}{5}x+40$

2つのばねの長さが等しくなるのは，2つの直線が交わるときです。

連立方程式 $\begin{cases} y=\frac{3}{5}x+30 \\ y=\frac{1}{5}x+40 \end{cases}$

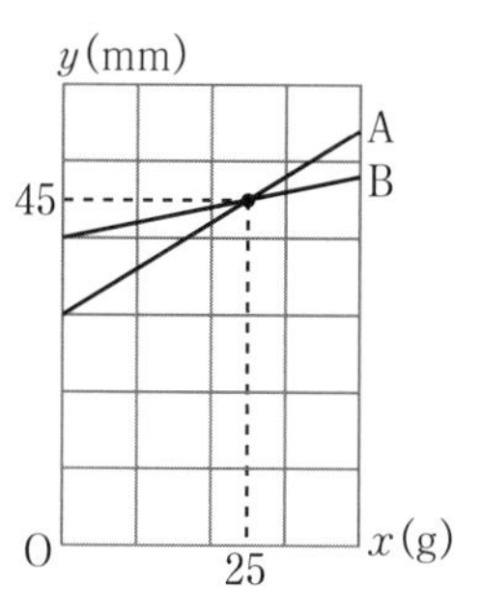

を解くと，$x=25$，$y=45$

2つのばねの長さが等しくなるのは，25gのおもりをつるしたときで，そのときのばねの長さは45mmです。

10 (1) $y=-\frac{5}{2}x+50$

　$(0\leqq x\leqq 8)$

(2) $30\leqq y\leqq 50$

(3) (右の図)

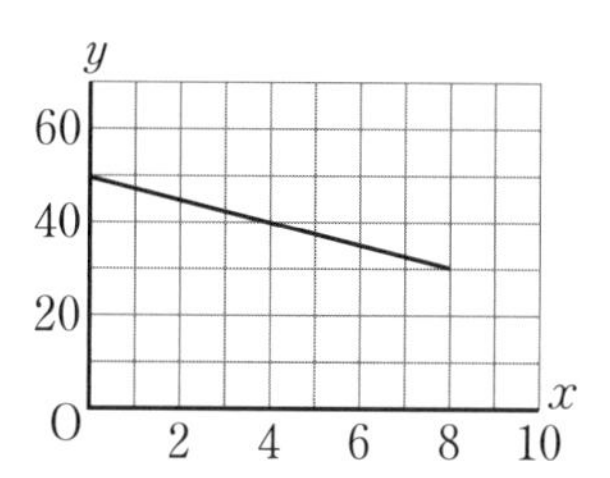

解き方 (1) 多角形ABCPはAP∥BCの台形です。

AP$=8-x$(cm)より，面積は，

$y=\frac{\{(8-x)+12\}\times 5}{2}$

$=-\frac{5}{2}x+50$

(2) 多角形ABCPの面積は，点PがDに重なっているとき，もっとも大きくなります。

$y=\frac{(8+12)\times 5}{2}=50$

また，多角形ABCPの面積は，点PがAに重なっているとき，もっとも小さくなります。

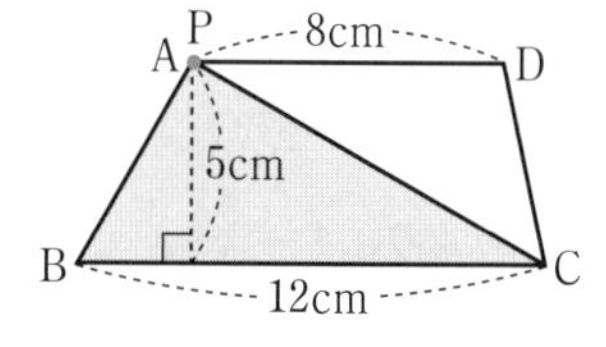

$y=\frac{1}{2}\times 12\times 5=30$

したがって，yの変域は，$30\leqq y\leqq 50$です。

(3) (1)より，$x=0$のとき$y=50$，$x=8$のとき$y=30$だから，2点$(0,\ 50)$と$(8,\ 30)$を両端とする線分になります。

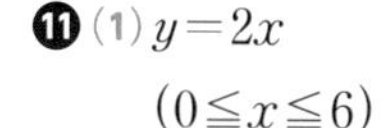

11 (1) $y=2x$

　$(0\leqq x\leqq 6)$

(2) $y=-3x+30$

　$(6\leqq x\leqq 10)$

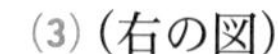

(3) (右の図)

(4) $x=4$，$\frac{22}{3}$

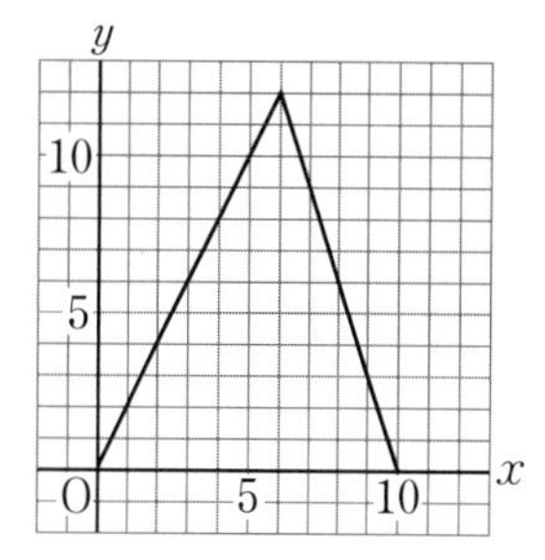

解き方 (1) BP$=x$cmより，

$y=\frac{1}{2}\times x\times 4$

$=2x$

注意 ACを高さと考えます。

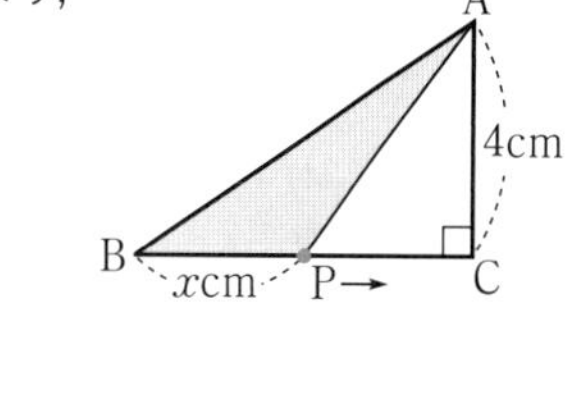

(2) PA$=10-x$(cm)より，

$y=\frac{1}{2}\times(10-x)\times 6$

$=-3x+30$

注意 BCを高さと考えます。

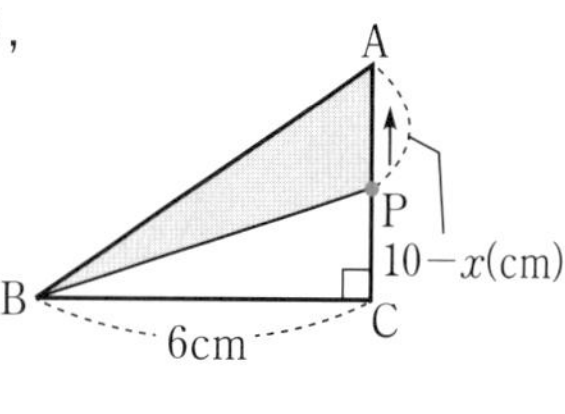

(3) (1)より，$x=0$のとき$y=0$，$x=6$のとき$y=12$

(2)より，$x=10$のとき$y=0$

したがって，3点$(0,\ 0)$，$(6,\ 12)$，$(10,\ 0)$を結んだ折れ線になります。

(4) $y=2x$と$y=-3x+30$に$y=8$を代入して，xの値を求めます。

12 (1) Aさん $y=\frac{2}{5}x$，父 $y=-\frac{4}{5}x+24$

(2) 時刻 8時20分，場所 家から8kmの地点

解き方 (1) Aさんのグラフは，原点と点$(30,\ 12)$を通るので，$y=\frac{2}{5}x$

父の式を$y=ax+b$とします。

点$(15,\ 12)$を通るので，$12=15a+b$ ……①

点$(30,\ 0)$を通るので，$0=30a+b$ ……②

①，②を連立方程式とみて解くと，$a=-\frac{4}{5}$，$b=24$

よって，$y=-\frac{4}{5}x+24$

(2) (1)で求めたAさんと父の式を連立方程式とみて解くと，$(x,\ y)=(20,\ 8)$です。

2人がすれ違うのは，8時から20分後，すなわち，8時20分に家から8kmの地点です。

p.28-29 Step ❸

❶ ㋐ -4 ㋑ 5 ㋒ 10

❷ (右の図)

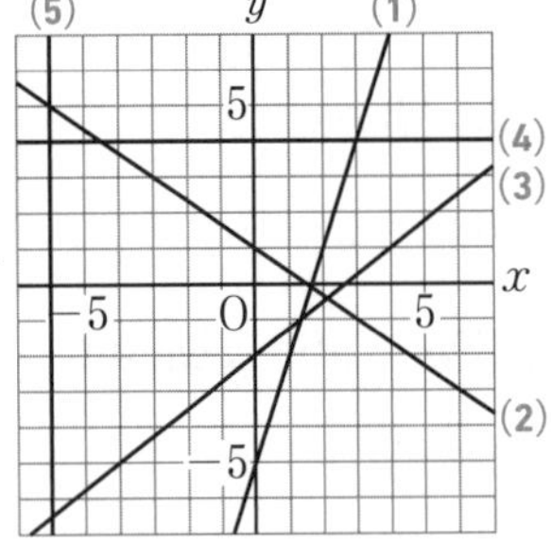

❸ (1) $y=3x-3$

(2) $y=-2x+7$

(3) $y=-\frac{4}{3}x-\frac{5}{3}$

❹ (1) P$(0,\ -5)$

Q$(0,\ 4)$

R$(6,\ 1)$ (2) 27

❺ (1) 4200 円

(2) A $y=40x+3000$

$(x \geqq 0)$

B $y=50x+2500$

$(x \geqq 0)$

(3) (右の図) (4) 50分

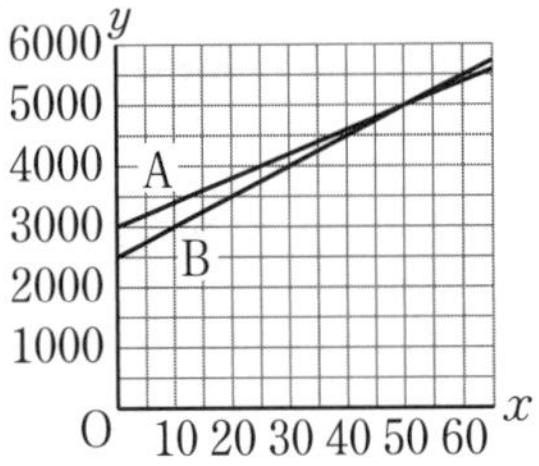

❻ (1) $y=\frac{3}{2}x$ $(0 \leqq x \leqq 4)$ (2) $y=6$ $(4 \leqq x \leqq 7)$

(3) $y=-\frac{3}{2}x+\frac{33}{2}$

$(7 \leqq x \leqq 11)$

(4) (右の図)

(5) $x=\frac{8}{3}$, $\frac{25}{3}$

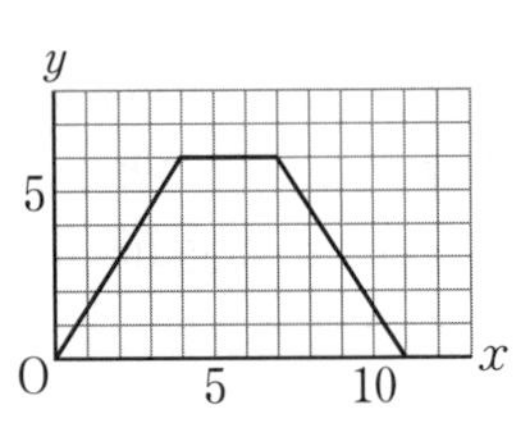

解き方

❶ $y=3x+2$ に x や y の値を代入して，もう一方の値を求めます。

❷ $y=ax+b$ の形になっていない方程式は，y について解き，傾きと切片を調べましょう。文字が x しかない式に関しては，x について解きましょう。

(3) $3x-4y=8$

$3x$ を移項して，$-4y=-3x+8$

両辺を -4 でわると，$y=\frac{3}{4}x-2$

❸ $y=ax+b$ に条件を入れて a，b の値を求めます。通る点の座標は $y=ax+b$ に代入することができます。

(2) 直線 $y=-2x+5$ に平行なので，傾きは -2 より $a=-2$ だから，$y=-2x+b$

点 $(5,\ -3)$ を通るから，$x=5$，$y=-3$ を代入して，$-3=-2\times5+b$，$b=7$

❹ (1) P，Q の y 座標は直線 ℓ，直線 m の切片だから，

P$(0,\ -5)$，Q$(0,\ 4)$

また，直線 ℓ，直線 m の式を連立方程式として解くと，交点 R の座標が求められます。

(2) △PQR の底辺を PQ とすると，

PQ$=4-(-5)=9$ で，R$(6,\ 1)$ より，高さは 6 だから，

△PQR$=\frac{1}{2}\times9\times6=27$

❺ (1) 月額基本使用料が 3000 円で，1 分ごとに 40 円の通話料がかかるので，1 か月に 30 分通話したときの使用料は，

$3000+40\times30=4200$(円)

(4) (2) で求めた A プランと B プランの式を連立方程式とみて解くと，

$40x+3000=50x+2500$，$x=50$

(3) でかいたグラフを見ると，交点より右側では A プランの方が，B プランより安くなっています。

よって，50 分。

❻ (2) △ABP の底辺を AB とすると，点 P が辺 CD 上にあるときは，底辺と高さは常に一定だから，

$y=\frac{1}{2}\times3\times4=6$

(3) △ABP の底辺を AB とすると，高さは AP です。AP の長さを x を使って表すと，AP$=11-x$(cm) だから，

$y=\frac{1}{2}\times3\times(11-x)$

$=-\frac{3}{2}x+\frac{33}{2}$

(5) グラフより，$y=4$ となるのは，点 P が辺 BC 上にあるときに 1 回，辺 DA 上にあるときに 1 回あります。

よって，(1) で求めた式と，(3) で求めた式に，それぞれ $y=4$ を代入すると，

(1) より，$4=\frac{3}{2}x$，$x=\frac{8}{3}$

この解は $0 \leqq x \leqq 4$ を満たします。

(3) より，$4=-\frac{3}{2}x+\frac{33}{2}$，$x=\frac{25}{3}$

この解は $7 \leqq x \leqq 11$ を満たします。

よって，$x=\frac{8}{3}$，$\frac{25}{3}$ です。

4章 図形の調べ方

1節 平行と合同

p.31-33 Step 2

❶ (1) 対頂角 $\angle d$，同位角 $\angle f$

(2) $\angle c$ と $\angle e$，$\angle d$ と $\angle f$

(3) $\angle a$，$\angle e$，$\angle g$

解き方 (3) 対頂角はつねに等しく，$\ell /\!/ m$ のとき，同位角，錯角も等しくなります。

❷ (1) $\angle x=55°$　(2) $\angle x=108°$

(3) $\angle x=100°$　(4) $\angle x=135°$

(5) $\angle x=20°$　(6) $\angle x=128°$

解き方 対頂角が等しいこと，平行線の同位角，錯角が等しいことを利用して解きましょう。

(1) 平行線の同位角は等しいから，$\angle x=55°$

(2) 平行線の錯角は等しいから，$\angle x=108°$

(3) 平行線の同位角は等しいから，

$\angle x=40°+60°=100°$

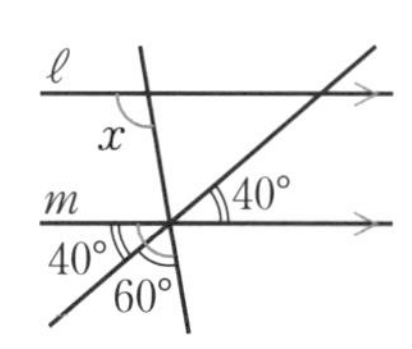

(4) $\ell /\!/ m$，$k /\!/ n$ より，平行線の同位角は等しいから，

$\angle x=135°$

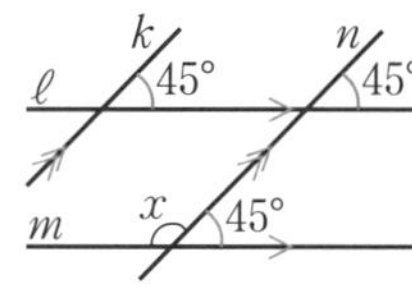

(5) 折れ線の頂点を通り，直線 ℓ，m に平行な直線をひくと，平行線の錯角が等しいことが利用できます。

$\angle x=80°-60°$

$=20°$

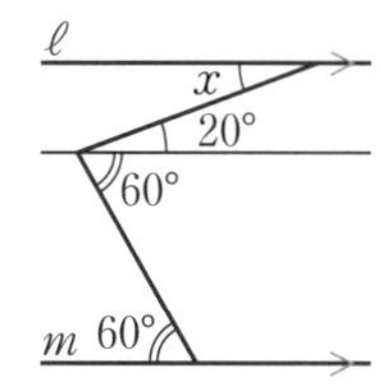

(6) 折れ線の頂点を通り，直線 ℓ，m に平行な直線をひくと，平行線の錯角が等しいことが利用できます。

$180°-140°=40°$

$120°-40°=80°$

$180°-80°=100°$

$\angle x=100°+28°$

$=128°$

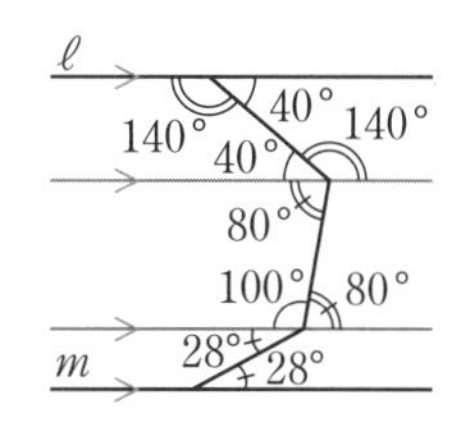

❸ (1) $\angle x=84°$　(2) $\angle x=30°$

(3) $\angle x=75°$　$\angle y=85°$

解き方 (1) 三角形の 1 つの外角は，そのとなりにない 2 つの内角の和に等しいので，

$\angle x=58°+26°=84°$

(2) 2 つの三角形に共通な外角の大きさを考えます。

$\angle x+75°=40°+65°$

$\angle x=30°$

(3) 三角形の 1 つの外角は，そのとなりにない 2 つの内角の和に等しいので，

$\angle x=45°+30°=75°$

三角形の内角の和は 180° だから，

$\angle y=180°-(75°+20°)=85°$

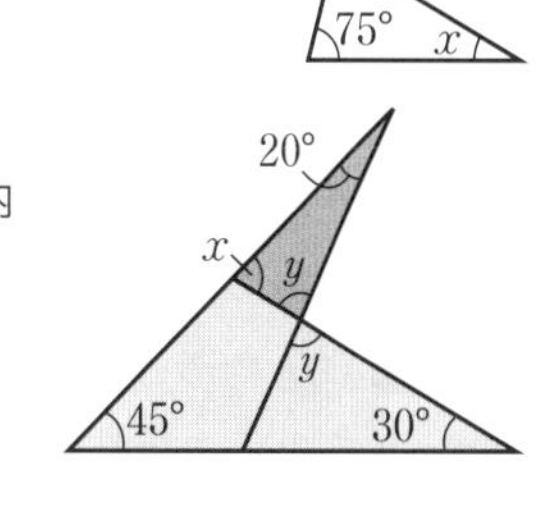

❹ (1) $\angle x=28°$　(2) $\angle x=75°$

(3) $\angle x=22°$

解き方 平行線の同位角や錯角が等しいことを利用して，1 つの三角形に角を集めます。

そのあと，三角形の 1 つの外角は，そのとなりにない 2 つの内角の和に等しいことを使います。

(1) $\angle x+30°=58°$

$\angle x=28°$

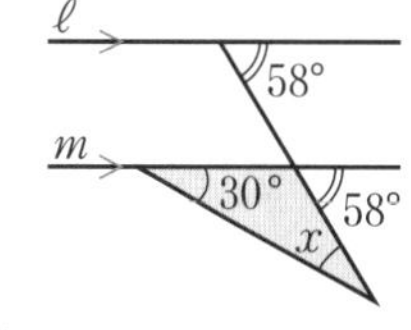

(2) $\angle x+35°=110°$

$\angle x=75°$

(3) $75°+67°=120°+\angle x$

$\angle x=22°$

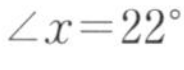

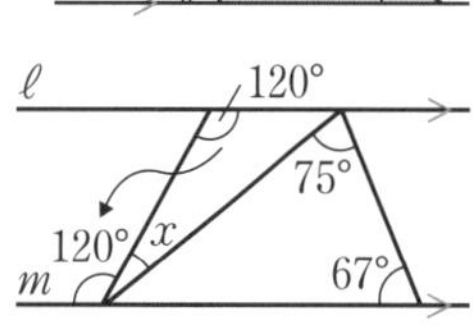

5 (1) 鈍角三角形　(2) 直角三角形
(3) 鋭角三角形

解き方 (1) $180°-(60°+10°)=110°$
三角形の 1 つの内角が鈍角だから，鈍角三角形です。
(2) $180°-(40°+50°)=90°$
三角形の 1 つの内角が直角だから，直角三角形です。
(3) $180°-(50°+60°)=70°$
三角形の 3 つの内角がすべて鋭角だから，鋭角三角形です。

6 (1) 十一角形　(2) $156°$
(3) 正九角形　(4) 正十二角形

解き方 (1) n 角形とすると，
$180°\times(n-2)=1620°$，$n=11$
(2) 正十五角形の内角の和は，
$180°\times(15-2)=2340°$
$2340°\div15=156°$
別解 次のように考えてもよいです。
多角形の外角の和は 360°だから，正十五角形の 1 つの外角の大きさは，
$360°\div15=24°$
$180°-24°=156°$
(3) 多角形の外角の和は 360°だから，
$360°\div40°=9$
(4) 1 つの外角の大きさを $a°$とすると，
$a°+5a°=180°$
$a°=30°$
多角形の外角の和は 360°だから，
$360°\div30°=12$

7 (1) $\angle x=110°$　(2) $\angle x=120°$
(3) $\angle x=55°$

解き方 (1) 五角形の内角の和は，
$180°\times(5-2)=540°$
$\angle x=540°-(95°+120°+130°+85°)$
$=110°$
(2) 多角形の外角の和は 360°だから，
$360°-(70°+80°+90°+60°)=60°$
$\angle x=180°-60°$
$=120°$
別解 五角形の内角の和から求めてもよいです。
五角形の内角の和は，$180°\times(5-2)=540°$になります。図の外角から内角を求め，五角形の内角の和を考えると，
$\angle x+(180°-70°)+(180°-80°)$
$+(180°-90°)+(180°-60°)=540°$
$\angle x+110°+100°+90°+120°=540°$
$\angle x=120°$
(3) 右の図のように補助線をひいて考えます。
三角形の 1 つの外角は，そのとなりにない 2 つの内角の和に等しいことより，
$(\angle x+32°)+21°=108°$
$\angle x=55°$

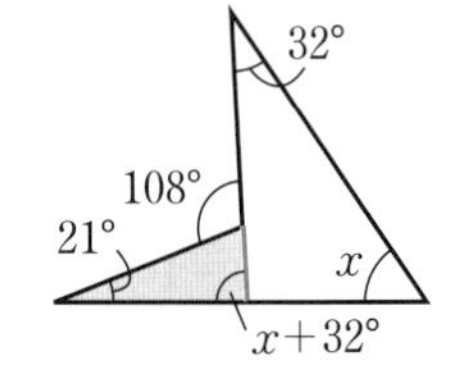

8 (1) $180°$　(2) $720°$
(3) $360°$

解き方 (1) 右の図のように補助線をひき，それぞれの角に記号をつけます。
三角形の内角の和は 180°だから，

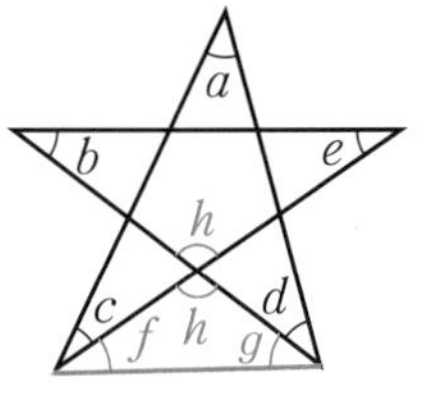

$\angle a+\angle c+\angle f+\angle g+\angle d=180°$ ……①
$\angle b+\angle h+\angle e=180°$ ……②
$\angle f+\angle g+\angle h=180°$ ……③
②－③ より，
$\angle b+\angle e-(\angle f+\angle g)=0$
$\angle f+\angle g=\angle b+\angle e$ ……④
④ を ① に代入して，
$\angle a+\angle c+\angle b+\angle e+\angle d=180°$
(2) 右の図のように補助線をひき，それぞれの角に記号をつけます。
三角形の 1 つの外角は，そのとなりにない 2 つの内角の和に等しいことより，
$\angle a+\angle b=\angle c+\angle d$
六角形の内角の和は 720°だから，印をつけた角の大きさの和は 720°となります。

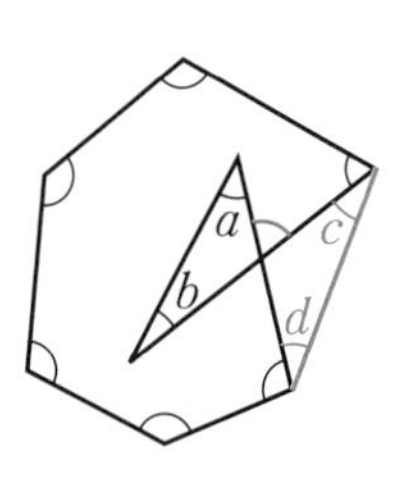

(3) 右の図のようにそれぞれの角に記号をつけます。

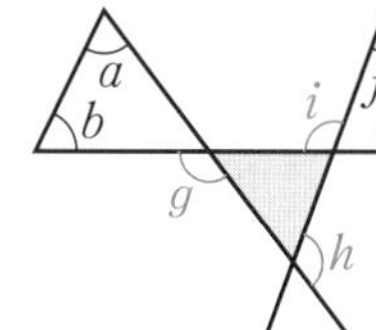

三角形の 1 つの外角は，そのとなりにない 2 つの内角の和に等しいことより，

$\angle a+\angle b=\angle g$

$\angle c+\angle d=\angle h$

$\angle e+\angle f=\angle i$

$\angle g$，$\angle h$，$\angle i$ はまん中の三角形の外角なので，

$\angle g+\angle h+\angle i=360°$

したがって，

$\angle a+\angle b+\angle c+\angle d+\angle e+\angle f=\angle g+\angle h+\angle i$
$=360°$

❾ (1) $\angle x=125°$　(2) $\angle x=97°$
(3) $\angle x=15°$

解き方 ○$=a°$，×$=b°$として考えます。

(1) 三角形の内角の和は 180°だから，
$2a°+2b°+70°=180°$より，$a°+b°=55°$ ……①
また，$\angle x+a°+b°=180°$ ……②
①，② より，$\angle x=125°$

(2) 四角形の内角の和は 360°だから，
$2a°+2b°+84°+110°=360°$より，
$a°+b°=83°$ ……①
また，$\angle x+a°+b°=180°$ ……②
①，② より，$\angle x=97°$

(3) 三角形の 1 つの外角は，そのとなりにない 2 つの内角の和に等しいことより，
$2a°+30°=2b°$より，$b°-a°=15°$ ……①
また，$\angle x+a°=b°$より，$\angle x=b°-a°$ ……②
①，② より，$\angle x=15°$

❿ 合同な三角形 ㋐，㋕，合同条件 ③
合同な三角形 ㋑，㋓，合同条件 ②
合同な三角形 ㋒，㋔，合同条件 ①

解き方 合同条件にあてはめて考えます。
㋐では，残り 1 つの角の大きさが求められるので，1 辺の長さとその両端の角の大きさがわかっています。㋑では，2 辺の長さとその間の角の大きさが，㋒では，3 辺の長さがそれぞれわかっています。

2節 証 明

p.35 Step 2

❶ (1) 仮定 △ABC≡△DEF，
結論 ∠ABC＝∠DEF
(2) 仮定 2 直線が平行，結論 同位角は等しい

解き方 「ならば」の前後のことばをしっかりと抜き出しましょう。
(2) 仮定や結論がことばで表されている場合もあります。

❷ (1) AD　(2) CA
(3) CAD　(4) 60
(5) 2 組の辺とその間の角が，それぞれ等しい
(6) CAD　(7) CD

解き方 (1)，(2)，(3) の等しい辺や角を書くとき，最初の「△ABE と △CAD で」の順番どおり，等号の左に △ABE の辺や角，右に △CAD の辺や角を書きましょう。仮定や結論を書くときにも，対応する辺や角の関係を考えて表します。
合同条件は，同じ内容になっていれば，表現が多少ちがってもよいです。

❸ (例) △OAP と △OBQ で，
仮定より，　AP＝BQ ……①
$\ell /\!/ m$ から，平行線の錯角は等しいので，
∠OAP＝∠OBQ ……②
∠OPA＝∠OQB ……③
①，②，③ から，1 組の辺とその両端の角がそれぞれ等しいので，
△OAP≡△OBQ
合同な図形では，対応する辺の長さは等しいので，
AO＝BO

解き方 AO＝BO を証明するために，AO を辺にもつ三角形と BO を辺にもつ三角形に注目して，その合同を証明します。
△OAP≡△OBQ を証明するときに AO＝BO を使うことはできません。

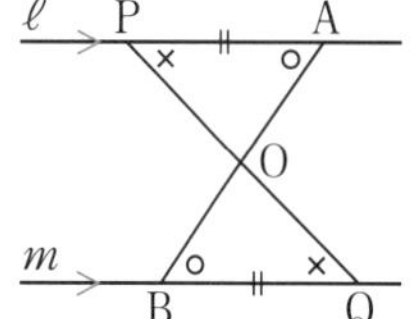

p.36-37 Step 3

❶ (1) 60°　(2) 100°　(3) 85°　(4) 88°　(5) 69°
　(6) 101°　(7) 103°　(8) 76°　(9) 540°

❷ (1) 9 本　(2) 10 個　(3) 1800°

❸ (1) 十八角形　(2) 正八角形

❹ 仮定 AB＝AD，∠ABC＝∠ADE
　結論 BC＝DE
　証明(例) △ABC と △ADE で，
　仮定より，　　　　AB＝AD ……①
　　　　　　　∠ABC＝∠ADE ……②
　∠A は共通な角だから，
　　　　　　　∠BAC＝∠DAE ……③
　①，②，③ から，1 組の辺とその両端の角が，それぞれ等しいので，△ABC≡△ADE
　合同な図形では，対応する辺の長さは等しいので，BC＝DE

❺ 仮定 ∠XOP＝∠YOP，OA＝OB
　結論 ∠OAP＝∠OBP
　証明(例) △AOP と △BOP で，
　仮定より，　　　　OA＝OB ……①
　半直線 OP は ∠XOY の二等分線だから，
　　　　　　　∠AOP＝∠BOP ……②
　また，OP は共通な辺だから，
　　　　　　　　　OP＝OP ……③
　①，②，③ から，2 組の辺とその間の角が，それぞれ等しいので，△AOP≡△BOP
　合同な図形では，対応する角の大きさは等しいので，∠OAP＝∠OBP

解き方

❶ (1) $\angle x+55°+65°=180°$ より，$\angle x=60°$

(2) 折れ線の頂点を通り，直線 ℓ，m に平行な直線をひくと，平行線の錯角は等しいので，
$\angle x=70°+30°=100°$

(3) 折れ線の頂点を通り，直線 ℓ，m に平行な直線をひくと，平行線の錯角は等しいので，
$130°-70°=60°$
$\angle x=25°+60°=85°$

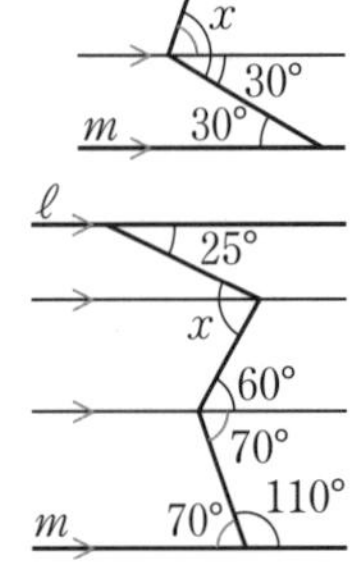

(4) 右の図のように正三角形の内角はすべて 60° であり，平行線の錯角は等しいので，$\angle x=28°+60°=88°$

(5) 三角形の 1 つの外角は，そのとなりにない 2 つの内角の和に等しいので，$\angle x+33°=102°$，$\angle x=69°$

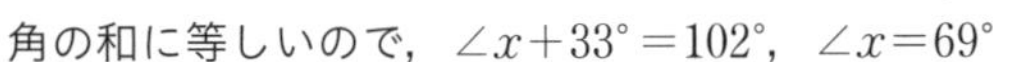

(6) 右の図のように補助線をひき，それぞれの角に記号をつけます。三角形の内角の和は 180° だから，
$\angle x+\angle a+\angle b=180°$
$57°+13°+31°+\angle a+\angle b=180°$
$\angle x=57°+13°+31°=101°$

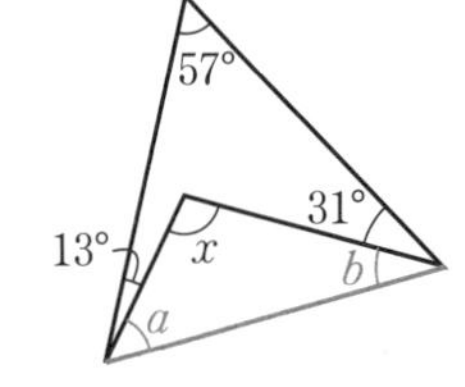

(7) $180°-77°=103°$，$180°-48°=132°$
五角形の内角の和は 540° だから，
$\angle x=540°-(103°+99°+103°+132°)=103°$

(8) ○＝$a°$，×＝$b°$ として考えます。
$a°+b°+128°=180°$ より，$a°+b°=52°$ ……①
また，$\angle x+2a°+2b°=180°$ ……②
①，② より，$\angle x=76°$

(9) 右の図のように補助線をひき，それぞれの角に記号をつけます。三角形の 1 つの外角は，そのとなりにない 2 つの内角の和に等しいことより，$\angle a+\angle b=\angle c+\angle d$
五角形の内角の和は 540° だから，印をつけた角の大きさの和は 540° となります。

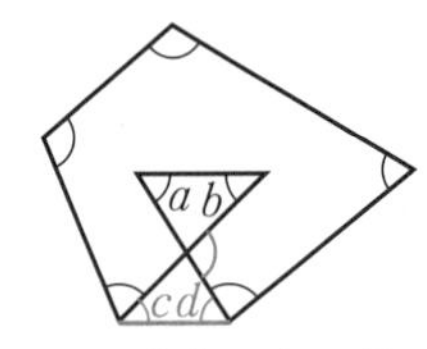

❷ (1) n 角形の 1 つの頂点からひける対角線の数は $(n-3)$ 本だから，$12-3=9$(本)
(2) 9 本の対角線がひけるので，$9+1=10$(個)
(3) 三角形が 10 個できるので，$180°\times10=1800°$

❸ (1) n 角形とすると，$180°\times(n-2)=2880°$，$n=18$
(2) 1 つの内角が 135° だから，1 つの外角は，
$180°-135°=45°$
多角形の外角の和は 360° だから，$360°\div45°=8$

❹「AB＝AD」，「∠ABC＝∠ADE」という 2 つの仮定と，∠A は共通な角だから，「∠BAC＝∠DAE」より，三角形の合同を証明します。

❺ 仮定より「OA＝OB」，角の二等分線だから「∠AOP＝∠BOP」，共通な辺だから「OP＝OP」がいえます。それらから三角形の合同を証明します。

5章 図形の性質と証明

1節 三角形

p.39-41　Step ❷

❶ (1) $\angle x=74°$　(2) $\angle x=69°$
(3) $\angle x=107°$

解き方 (1) AB＝AC だから，△ABC は二等辺三角形です。二等辺三角形の底角は等しいから，
$\angle ACB=\angle ABC=53°$
$\angle x=180°-(53°+53°)=74°$
(2) CA＝CB だから，△ABC は二等辺三角形です。二等辺三角形の底角は等しいから，
$\angle CBA=\angle CAB=\angle x$
三角形の内角の和は 180°だから，
$42°+\angle x+\angle x=180°$
$\angle x=(180°-42°)\div 2=69°$
(3) AB＝AC だから，△ABC は二等辺三角形です。二等辺三角形の底角は等しいから，
$\angle ACB=\angle ABC$
$\angle ACB=(180°-34°)\div 2=73°$
$\angle x=180°-73°=107°$

❷ (例) △DBC と △ECB で，
仮定より，　BD＝CE ……①
BC は共通だから，　BC＝CB ……②
二等辺三角形の底角は等しいので，
∠DBC＝∠ECB ……③
①，②，③ から，2 組の辺とその間の角が，それぞれ等しいので，
△DBC≡△ECB

解き方 二等辺三角形の底角は等しいことに注目して証明しましょう。
三角形の合同条件
次のどれか 1 つが成り立てば合同である。
① 3 組の辺が，それぞれ等しい。
② 2 組の辺とその間の角が，それぞれ等しい。
③ 1 組の辺とその両端の角が，それぞれ等しい。
また，記号は対応する頂点の順に書きます。

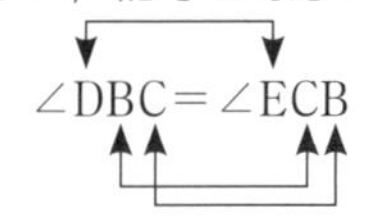

❸ (例) △ABP と △ACQ で，
仮定より，　AB＝AC ……①
BP＝CQ ……②
二等辺三角形の底角は等しいので，
∠ABP＝∠ACQ ……③
①，②，③ から，2 組の辺とその間の角が，それぞれ等しいので，
△ABP≡△ACQ
合同な図形では，対応する辺の長さは等しいので，AP＝AQ
2 つの辺が等しいので，△APQ は二等辺三角形である。

解き方 二等辺三角形であることを示すために，2 つの辺が等しいことを示します。2 つの辺が等しいことを示すには，合同な三角形に着目するとよいです。

❹ (例) △ABP と △ACP で，
仮定より，　AB＝AC ……①
AP は共通だから，　AP＝AP ……②
AP は ∠BAC の二等分線だから，
∠BAP＝∠CAP ……③
①，②，③ から，2 組の辺とその間の角が，それぞれ等しいので，
△ABP≡△ACP
合同な図形では，対応する辺の長さは等しいので，PB＝PC
2 つの辺が等しいので，△PBC は二等辺三角形である。

解き方 点 P は ∠BAC の二等分線上の点だから，∠BAP＝∠CAP がいえます。このことに注目して，△ABP と △ACP が合同であることを示し，PB＝PC を示します。

5 (1) 逆 $ab>0$ ならば，$a>0$，$b>0$ である。

正誤(反例) 正しくない。

反例は $a=-2$，$b=-3$

(2) 逆 △ABC の 3 つの内角の大きさが等しいならば，△ABC は正三角形である。

正誤(反例) 正しい。

(3) 逆 n^2 が 4 の倍数ならば，n は 4 の倍数である。

正誤(反例) 正しくない。反例は $n=2$

解き方 仮定と結論を入れかえて逆をつくります。あることがらが正しくないことを説明するには，反例を 1 つ示します。仮定にあてはまっていて，結論が成り立たない場合の例を示していれば，解答以外の反例を示していてもよいです。

(1) 例えば，$ab=6$ のとき，$ab>0$ ですが，
このような a，b には，$a=-2$，$b=-3$ のように，
$a<0$，$b<0$ となるものもあります。

(3) 例えば，$n=2$ のとき，n^2 は 4 の倍数になりますが，
n は 4 の倍数ではありません。

6 (1) (例) △ABE と △CAD で，

仮定より，　AE＝CD ……①

△ABC は正三角形だから，

AB＝CA ……②

∠BAE＝∠ACD＝60° ……③

①，②，③ から，2 組の辺とその間の角が，それぞれ等しいので，

△ABE≡△CAD

(2) 120°

解き方 (2)(1) より，△ABE≡△CAD だから，

∠ABE＝∠CAD ……①

△ABE の内角の和より，

∠ABE＋∠AEB＋∠BAE＝180°

∠BAE＝60°だから，

∠ABE＋∠AEB＝120° ……②

①，② と，三角形の 1 つの外角は，そのとなりにない 2 つの内角の和に等しいことから，

∠APB＝∠CAD＋∠AEB
　　＝∠ABE＋∠AEB
　　＝120°

7 合同な三角形 ㋐，㋕，

合同条件 直角三角形の斜辺と他の 1 辺が，それぞれ等しい

合同な三角形 ㋑，㋓，

合同条件 2 組の辺とその間の角が，それぞれ等しい

合同な三角形 ㋒，㋔，

合同条件 直角三角形の斜辺と 1 つの鋭角が，それぞれ等しい

解き方 合同条件にあてはめて考えます。

㋑と㋓は，斜辺の長さがわかっていないので，直角三角形の合同条件ではなく，三角形の合同条件を使います。

8 (例) △OPH と △OPK で，

仮定より，　PH＝PK ……①

PH⊥OX，PK⊥OY だから，

∠PHO＝∠PKO＝90° ……②

OP は共通だから，　OP＝OP ……③

①，②，③ から，直角三角形の斜辺と他の 1 辺が，それぞれ等しいので，

△OPH≡△OPK

解き方 2 つの直角三角形 △OPH と △OPK の斜辺 OP が共通であることに着目して，直角三角形の合同条件を使って証明します。

9 (例) △ABC と △DCB で，

仮定より，∠BAC＝∠CDB＝90° ……①

EB＝EC から，二等辺三角形 EBC の底角は等しいので，

∠ACB＝∠DBC ……②

BC は共通だから，　BC＝CB ……③

①，②，③ から，直角三角形の斜辺と 1 つの鋭角が，それぞれ等しいので，

△ABC≡△DCB

合同な図形では，対応する辺の長さは等しいので，AC＝DB

解き方 AC＝DB を証明するので，AC や DB を辺にもつ 2 つの直角三角形に着目します。

△ABC≡△DCB を示すときに，結論である AC＝DB を仮定として使うことはできないことに注意します。

2節 四角形

p.43-45 Step ❷

❶ (1) $x=6$　　$y=5$

(2) $\angle a=60°$　　$\angle b=120°$

解き方 (1) 平行四辺形の向かいあう辺は等しいので，$x=6$ です。平行四辺形の対角線は，それぞれの中点で交わるので，$y=10\times\frac{1}{2}=5$ です。

(2) 平行四辺形の向かいあう角は等しいので，
$\angle a=60°$
また，平行四辺形のとなりあう角の和は 180°だから，
$\angle b=180°-60°=120°$

❷ (例) △OAE と △OCF で，
平行四辺形の対角線は，それぞれの中点で交わるので，　OA＝OC ……①
対頂角は等しいので，∠AOE＝∠COF ……②
AD∥BC から，平行線の錯角は等しいので，
∠OAE＝∠OCF ……③
①，②，③ から，1組の辺とその両端の角が，それぞれ等しいので，
△OAE≡△OCF
合同な図形では，対応する辺の長さは等しいので，OE＝OF

解き方 平行四辺形の対角線は，それぞれの中点で交わることに着目して，△OAE≡△OCF を示します。△ODE と △OBF の合同を示してもよいです。

❸ ㋐，㋒

解き方 四角形は，次の各場合に平行四辺形であるといえます。

四角形が平行四辺形になるための条件
次のどれか1つが成り立てば平行四辺形である。
①2組の向かいあう辺が，それぞれ平行である。
②2組の向かいあう辺が，それぞれ等しい。
③2組の向かいあう角が，それぞれ等しい。
④ 対角線が，それぞれの中点で交わる。
⑤1組の向かいあう辺が，等しくて平行である。

㋐ AB＝CD，BC＝DA より，2組の向かいあう辺が，それぞれ等しいので，平行四辺形であるといえます。

㋑ 2組の向かいあう角は，∠A と∠C，∠B と∠D です。∠A＝60°，∠C＝120°より，∠A と∠C は等しくなく，∠B＝120°，∠D＝60°より，∠B と∠D は等しくないので，平行四辺形であるとはいえません。

㋒ 図のように，辺 AD を D の方に延長した直線上に点 E をとります。 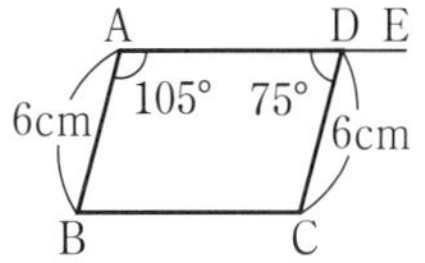
∠D＝75°より，
∠CDE＝180°－75°＝105°
∠A＝105°より，∠A＝∠CDE
よって，同位角が等しいので，AB∥DC ……①
また，仮定より，AB＝CD ……②
①，② から，1組の向かいあう辺が，等しくて平行であるので，四角形 ABCD は平行四辺形です。

注意 問題の条件が平行四辺形になる条件の形でなくても，平行四辺形であるといえることもあります。

❹ (例) 四角形 AECG で，
四角形 ABCD は平行四辺形だから，
AB∥DC，AB＝DC より，AE∥GC ……①
また，E，G は AB，DC の中点だから，
AE＝GC ……②
①，② から，1組の向かいあう辺が，等しくて平行であるので，四角形 AECG は平行四辺形である。
また，四角形 AFCH で，
四角形 ABCD は平行四辺形だから，
AD∥BC，AD＝BC より，AH∥FC ……③
また，H，F は AD，BC の中点だから，
AH＝FC ……④
③，④ から，1組の向かいあう辺が，等しくて平行であるので，四角形 AFCH は平行四辺形である。
四角形 APCQ で，
四角形 AECG と四角形 AFCH は平行四辺形だから，AG∥EC，AF∥HC
よって，AQ∥PC，AP∥QC
したがって，2組の向かいあう辺が，それぞれ平行であるので，四角形 APCQ は平行四辺形である。

解き方 AQ∥PC，AP∥QC を示すために，四角形 AECG，AFCH が平行四辺形であることを示します。

▶ 本文 p.44-45

❺ (例) 平行四辺形の対角線は，それぞれの中点で交わるので，　OA＝OC ……①

OB＝OD ……②

仮定より，　BE＝DF ……③

OE＝OB－BE，OF＝OD－DF なので，

②，③ から，　OE＝OF ……④

①，④ から，対角線が，それぞれの中点で交わるので，四角形 AECF は平行四辺形である。

解き方　対角線が，それぞれの中点で交わることを示せば，平行四辺形であることが証明できます。OA＝OC と OE＝OF を示しましょう。

❻ (1) ひし形　(2) 長方形

(3) 長方形　(4) 正方形

解き方　(1) AB＝BC より，AB＝BC＝CD＝DA なので，すべての辺が等しくなります。すべての辺が等しい四角形は，ひし形です。

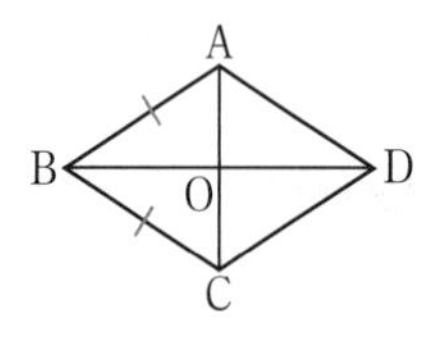

(2) OA＝OB より，AC＝BD

2 つの対角線の長さが等しい四角形は，長方形です。

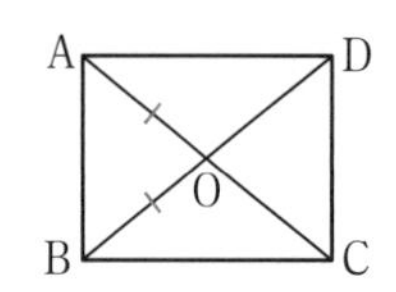

(3) ∠A＝∠B より，∠A＝∠B＝∠C＝∠D なので，すべての角が等しくなります。すべての角が等しい四角形は，長方形です。

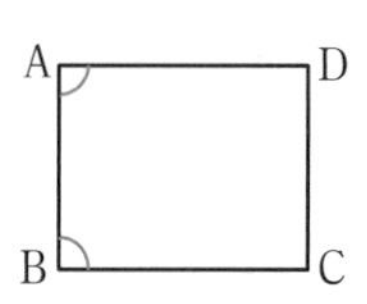

(4) AB＝BC より，ひし形になり，∠A＝∠B より，長方形になります。ひし形で長方形であるのは，正方形です。

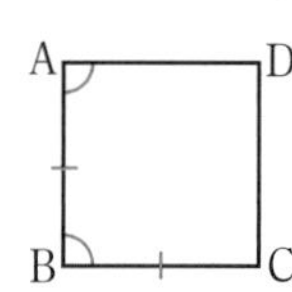

❼ △ABE，△DBC

解き方　四角形 DBEF を，△DBE と △DEF に分けて考えます。

DE∥AC より，△DEF＝△DAE，△DEF＝△DCE となるから，

四角形 DBEF＝△DBE＋△DAE＝△ABE

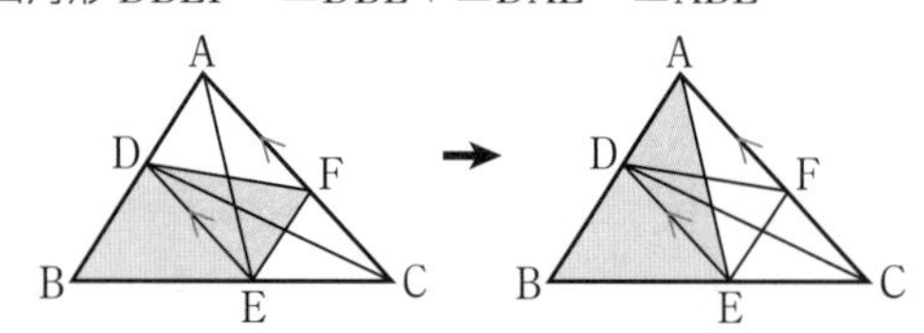

四角形 DBEF＝△DBE＋△DCE＝△DBC

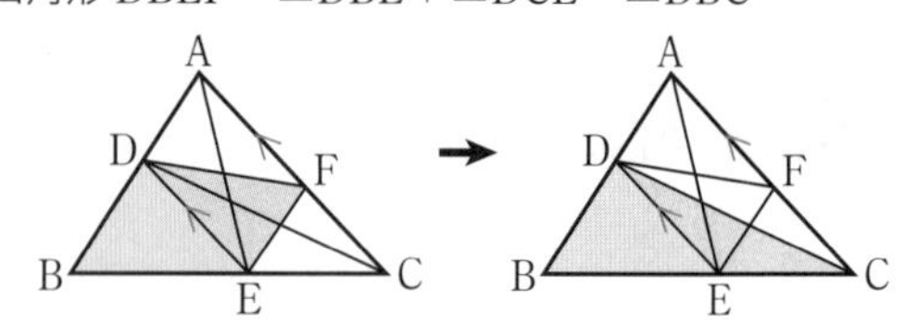

❽

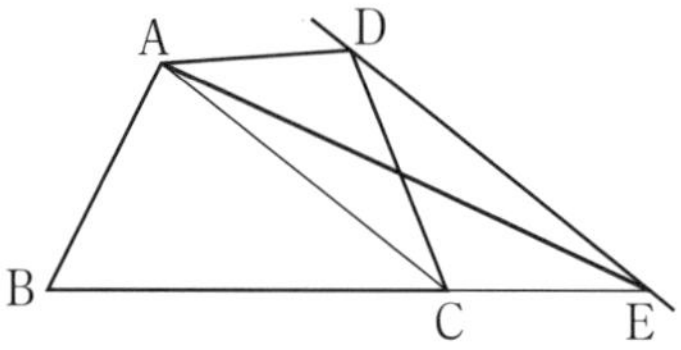

解き方　作図例の手順

①A と C を結ぶ。

②D を通る AC の平行線をひき，辺 BC の延長との交点を E とする。

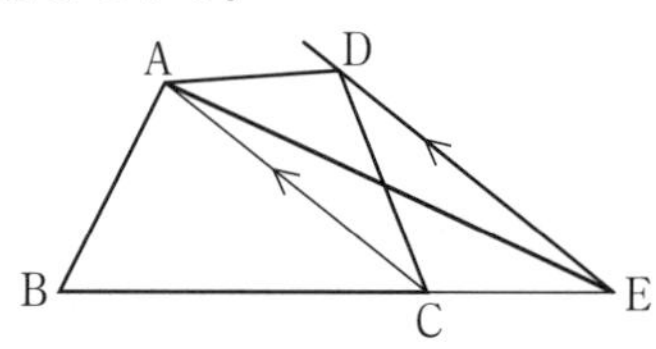

△DAC と △ECA は，AC∥DE だから，底辺 AC が共通で高さが等しいので，△DAC＝△ECA です。

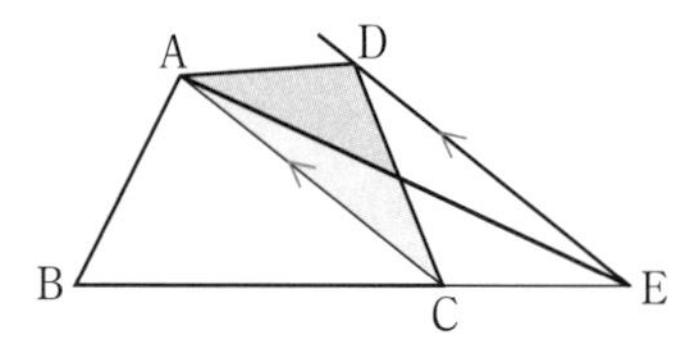

四角形 ABCD＝△ABC＋△DAC

＝△ABC＋△ECA

＝△ABE

したがって，△ABE が求める三角形になります。

❾ (1) △ADE，△CEF

(2) (例) △AEF＝△ADE－△EFD ……①

△BDF＝△BDE－△EFD ……②

また，AB∥ED より，

△ADE＝△BDE ……③

①，②，③ から，△AEF＝△BDF

解き方　(1) AB∥ED より，△BDE＝△ADE

△BDE＝△BDF＋△EFD ……①

△CEF＝△CDF＋△EFD ……②

また，AD∥BC より，△BDF＝△CDF ……③

①，②，③ から，△BDE＝△CEF

p.46-47 Step 3

❶ (1) 75°　(2) 30°　(3) 45°

❷ (1) 69°　(2) 75°

❸ (1) 75°　(2) 15°　(3) △BCI または △ECI
(4) 直角三角形の斜辺と 1 つの鋭角が，それぞれ等しい

❹ (例) △MBD と △MCE で，
M は BC の中点だから，
MB＝MC ……①
二等辺三角形の底角は等しいので，
∠MBD＝∠MCE ……②
MD⊥AB，ME⊥AC より，
∠MDB＝∠MEC＝90° ……③
①，②，③ から，直角三角形の斜辺と 1 つの鋭角が，それぞれ等しいので，
△MBD≡△MCE
合同な図形では，対応する辺の長さは等しいので，
MD＝ME

❺ (例) △AFD と △CEB で，
平行四辺形の向かいあう辺は等しくて平行だから，
AD＝CB ……①
AD∥CB ……②
② から，平行線の錯角は等しいので，
∠ADF＝∠CBE ……③
仮定より，　DF＝BE ……④
①，③，④ から，2 組の辺とその間の角が，それぞれ等しいので，
△AFD≡△CEB
合同な図形では，対応する辺の長さは等しいので，
AF＝CE

❻ (例) 四角形 ABCD は平行四辺形だから，向かいあう辺は等しくて平行なので，
AD＝BC ……①
AD∥BC ……②
同様に，四角形 BEFC も平行四辺形だから，
BC＝EF ……③
BC∥EF ……④
①，③ から，　AD＝EF ……⑤
②，④ から，　AD∥EF ……⑥
⑤，⑥ から，1 組の向かいあう辺が，等しくて平行なので，四角形 AEFD は平行四辺形となる。

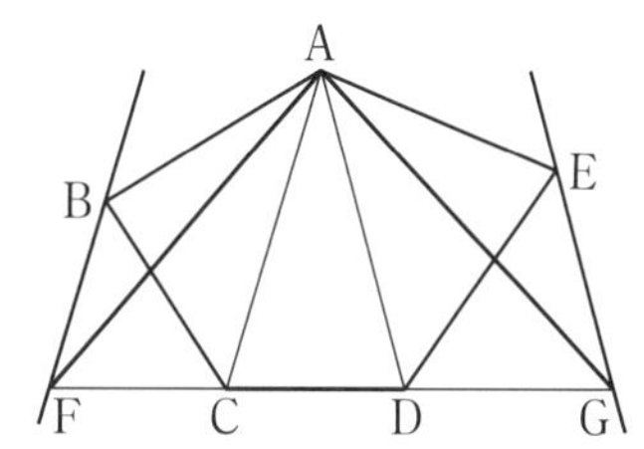

※ F と G が逆でもよいです。

解き方

❶ (1) △ABC は AB＝AC の二等辺三角形だから，
∠ABC＝∠ACB より，
∠ACB＝(180° −30°)÷2＝75°
(2) △BCD は BC＝BD の二等辺三角形だから，
∠BDC＝∠BCD＝∠ACB＝75° より，
∠DBC＝180° −(75° ＋75°)＝30°
(3) ∠ABD＝∠ABC−∠DBC
＝75° −30°
＝45°

❷ (1) AB＝AC より，∠ACB＝∠ABC＝∠x
△ABC の 1 つの外角は，それととなり合わない 2 つの内角の和に等しいので，
138° ＝∠ABC＋∠ACB
＝∠x＋∠x
＝2∠x
∠x＝138° ÷2＝69°
(2) AB＝AC より，
∠ACB＝∠CAD÷2
＝60° ÷2
＝30°

△CAD の内角の和は 180°なので,

$\angle ACD = 180° - 60° - 75°$

$= 45°$

$\angle x = \angle ACB + \angle ACD$

$= 30° + 45°$

$= 75°$

❸ (1) DA＝DE だから，△ADE は二等辺三角形です。

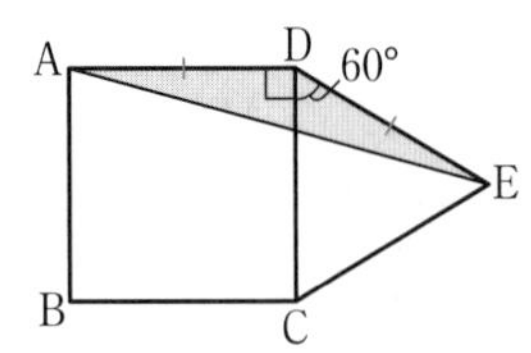

$\angle DAE = \{180° - (90° + 60°)\} \div 2$

$= 15°$

$\angle BAE = 90° - 15°$

$= 75°$

(2) △DAE≡△CBE より，AE＝BE だから，△ABE は二等辺三角形です。

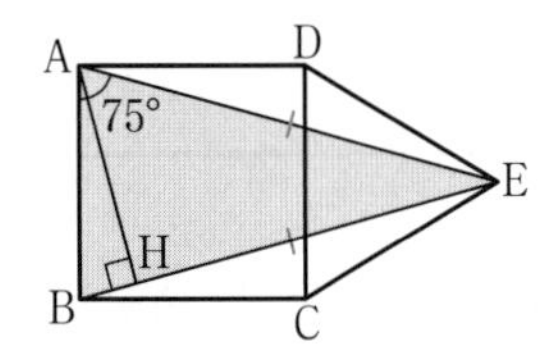

$\angle ABE = \angle BAE = 75°$

より，$\angle BAH = 90° - 75° = 15°$

(3) 直角三角形 ABH に含まれる辺 AB や ∠BAH に着目して，等しい関係を見つけましょう。

例えば，AB＝BC＝CE です。

(4) 二等辺三角形の頂角の二等分線は底辺と垂直に交わります。

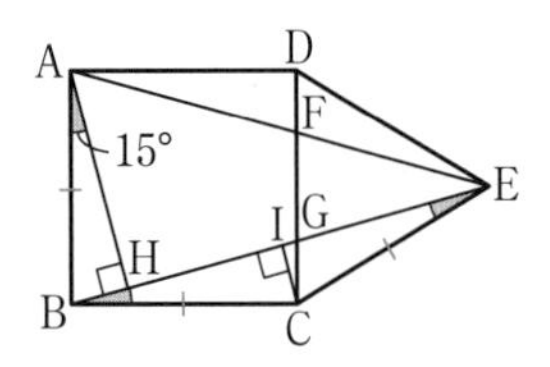

△ABH，△BCI，△ECI で,

$\angle AHB = \angle BIC = \angle EIC = 90°$

AB＝BC＝EC，∠BAH＝∠CBI＝∠CEI＝15°

❹ 二等辺三角形の底角が等しいことを使い，直角三角形の 1 つの鋭角が等しいことをいいましょう。

❺ 平行四辺形の向かいあう辺が等しいことと，向かいあう辺が平行なので，錯角が等しくなることを利用しましょう。

❻ 2 つの平行四辺形がつながっているので，まん中の辺 BC を使い，AD と EF が等しくて平行であることを示しましょう。

❼ 作図例の手順

①A と C を結ぶ。

②B を通る AC の平行線をひき，辺 DC の延長との交点を F とする。

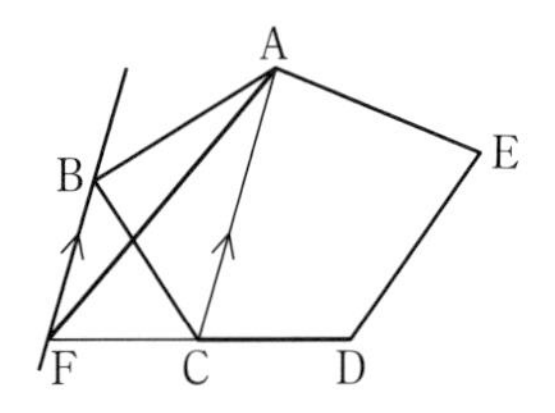

③A と D を結ぶ。

④E を通る AD の平行線をひき，辺 CD の延長との交点を G とする。

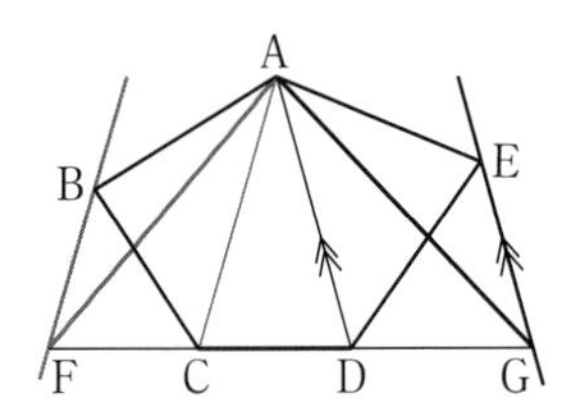

△ABC と △FCA は，AC∥BF だから，底辺 AC が共通で高さが等しいので，△ABC＝△FCA です。

△EAD と △GDA は，AD∥EG だから，底辺 AD が共通で高さが等しいので，△EAD＝△GDA です。

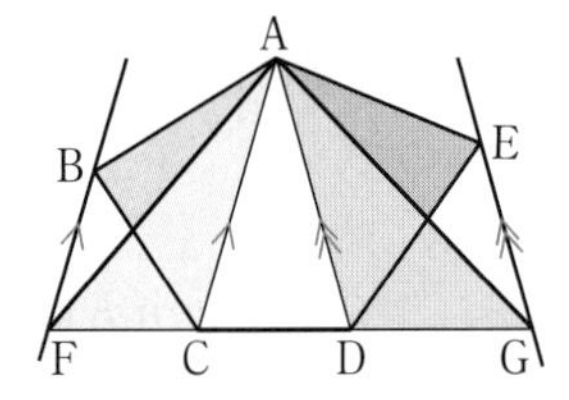

五角形 ABCDE＝△ABC＋△ACD＋△ADE

＝△AFC＋△ACD＋△ADG

＝△AFG

したがって，△AFG が求める三角形になります。

6章 場合の数と確率

1節 場合の数と確率

p.49-51 Step 2

❶ (1) $\frac{1}{6}$　(2) $\frac{2}{3}$

解き方 特にことわりがない限り，さいころは正しくつくられていると考えます。
正しくつくられたさいころでは，⚀～⚅のどの目が出ることも同様に確からしいです。
1つのさいころを投げるとき，目の出かたは，1，2，3，4，5，6の6通りです。
(1) 3の目が出る場合は1通りだから，求める確率は，$\frac{1}{6}$です。
(2) 4以下の目が出る場合は4通りだから，求める確率は，$\frac{4}{6}=\frac{2}{3}$です。

❷ $\frac{4}{5}$

解き方 あることがらの起こる確率がpであるとき，あることがらが起こらない確率は$1-p$となります。
ここでは，「はずれくじをひく」ということを「あたりくじをひかない」ことと考えればよいです。
あたりくじをひく確率が$\frac{1}{5}$なので，
(はずれくじをひく確率)
=(あたりくじをひかない確率)
=1−(あたりくじをひく確率)
$=1-\frac{1}{5}$
$=\frac{4}{5}$

参考 Aの起こらない確率
あることがらAの起こる確率がpであるとき，Aの起こらない確率は，$1-p$である。

❸ (1) $\frac{1}{4}$　(2) $\frac{3}{52}$　(3) $\frac{1}{13}$

解き方 (1) ♠のカードは13枚あるから，♠のカードをひく確率は，$\frac{13}{52}=\frac{1}{4}$です。
(2) ♥の絵札は3枚あるから，♥の絵札をひく確率は，$\frac{3}{52}$です。
(3) Aのカードは4枚あるから，Aのカードをひく確率は，$\frac{4}{52}=\frac{1}{13}$です。

確認 確率の求め方
起こり得る場合が全部でn通りあり，そのどれが起こることも同様に確からしいとする。そのうち，あることがらの起こる場合がa通りあるとき，そのことがらの起こる確率pは，$p=\frac{a}{n}$

❹ (1) $\frac{1}{2}$　(2) $\frac{3}{10}$　(3) $\frac{2}{5}$

解き方 (1) 1から10までの整数で，奇数は，1，3，5，7，9の5つあるから，奇数のカードを取り出す確率は，$\frac{5}{10}=\frac{1}{2}$です。
(2) 1から10までの整数で，3の倍数は，3，6，9の3つあるから，3の倍数のカードを取り出す確率は，$\frac{3}{10}$です。
(3) 1から10までの整数で，素数は，2，3，5，7の4つあるから，素数のカードを取り出す確率は，$\frac{4}{10}=\frac{2}{5}$です。

確認 素数
1とその数のほかに約数がない数をいい，1は素数に含まれません。

❺ (1) $\frac{1}{2}$　(2) $\frac{1}{3}$　(3) $\frac{1}{6}$

解き方 1枚ずつ取り出し，1枚目を十の位の数，2枚目を一の位の数にして2けたの整数をつくると，できる整数は，樹形図から，全部で12通りです。

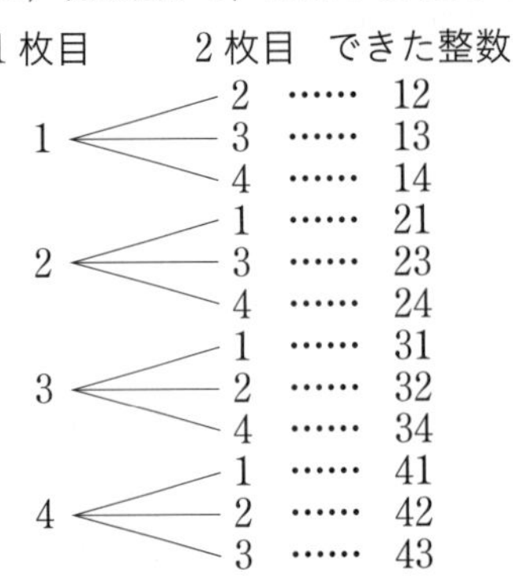

(1) 偶数は，12，14，24，32，34，42 の6通りです。

よって，求める確率は，$\frac{6}{12}=\frac{1}{2}$ です。

(2) 3の倍数は，12，21，24，42 の4通りです。

よって，求める確率は，$\frac{4}{12}=\frac{1}{3}$ です。

(3) 十の位の数が，一の位の数より2大きくなるのは，31，42 の2通りです。

よって，求める確率は，$\frac{2}{12}=\frac{1}{6}$ です。

❻ (1)

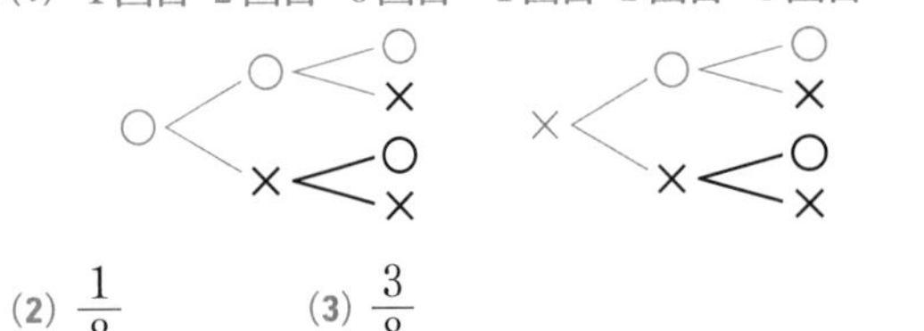

(2) $\frac{1}{8}$　(3) $\frac{3}{8}$

解き方 (1) 左端の○，× を除くと，全く同じ図になることに注意します。

(2) 表，裏の出方は，全部で8通りあります。

3回とも裏になるのは1通りです。

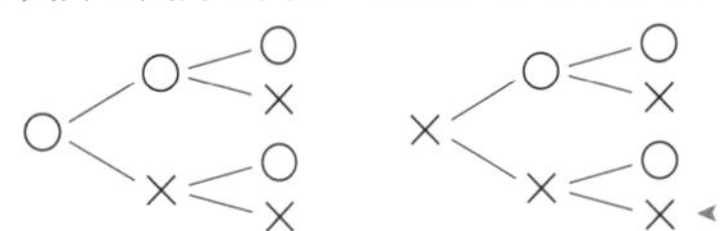

(3) 表が2回出るのは，○○×，○×○，×○○の3通りです。

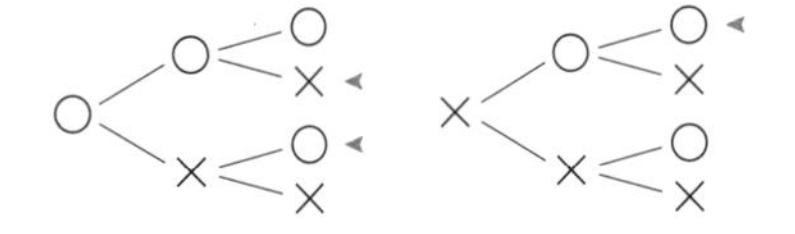

❼ (1) $\frac{1}{9}$　(2) $\frac{5}{12}$　(3) $\frac{1}{4}$

(4) $\frac{8}{9}$

解き方 起こり得るすべての場合は全部で，36通りです。

(1) 目の和が5になるのは，下の表の色アミの部分で4通りあります。

大＼小	⚀	⚁	⚂	⚃	⚄	⚅
⚀	2	3	4	**5**	6	7
⚁	3	4	**5**	6	7	8
⚂	4	**5**	6	7	8	9
⚃	**5**	6	7	8	9	10
⚄	6	7	8	9	10	11
⚅	7	8	9	10	11	12

よって，求める確率は，$\frac{4}{36}=\frac{1}{9}$ です。

(2) 目の和が8以上になるのは，下の表の色アミの部分で15通りあります。

大＼小	⚀	⚁	⚂	⚃	⚄	⚅
⚀	2	3	4	5	6	7
⚁	3	4	5	6	7	**8**
⚂	4	5	6	7	**8**	**9**
⚃	5	6	7	**8**	**9**	**10**
⚄	6	7	**8**	**9**	**10**	**11**
⚅	7	**8**	**9**	**10**	**11**	**12**

よって，求める確率は，$\frac{15}{36}=\frac{5}{12}$ です。

(3) 4の倍数は，4，8，12 です。目の和が4，8，12 になるのは，下の表の色アミの部分で，それぞれ3通り，5通り，1通りあります。

大＼小	⚀	⚁	⚂	⚃	⚄	⚅
⚀	2	3	**4**	5	6	7
⚁	3	**4**	5	6	7	**8**
⚂	**4**	5	6	7	**8**	9
⚃	5	6	7	**8**	9	10
⚄	6	7	**8**	9	10	11
⚅	7	**8**	9	10	11	**12**

よって，求める確率は，$\frac{3+5+1}{36}=\frac{9}{36}=\frac{1}{4}$ です。

(4) (1) より，出る目の数の和が5になる確率は $\frac{1}{9}$ だから，出る目の数の和が5にならない確率は，

$1-\frac{1}{9}=\frac{8}{9}$ です。

▶ 本文 p.51

❽ (1) 10通り

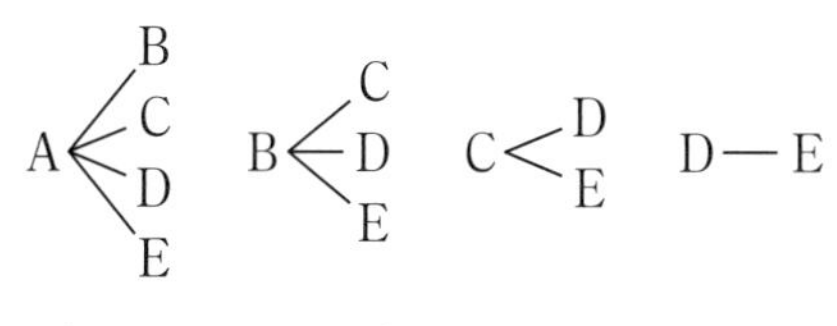

(2) $\frac{1}{10}$　　(3) $\frac{2}{5}$

解き方 (1) 樹形図を用いて考えるほかに，次のような表や図を考えてもよいです。

	A	B	C	D	E
A		○	○	○	○
B	−		○	○	○
C	−	−		○	○
D	−	−	−		○
E	−	−	−	−	

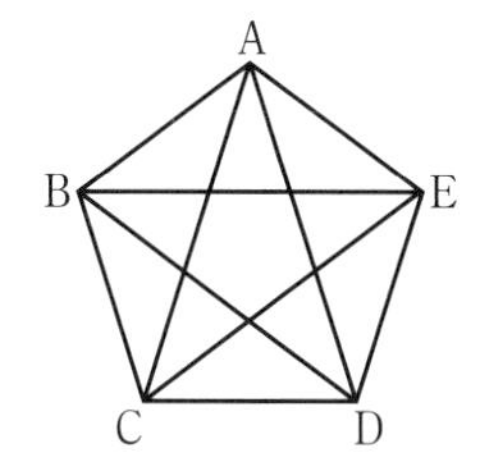

表では，(A，B) と (B，A) は同じなのでどちらかを数えます。

図(五角形)では，A，B，C，D，E のうち，2 つの頂点を結ぶ線分の本数を数えます。

(2) A と B の玉を取り出すのは 1 通りなので，それを取り出す確率は，

$\frac{1}{10}$

です。

(3) 2 個のうち 1 個が E である組み合わせは 4 通りあるから，その確率は，

$\frac{4}{10}=\frac{2}{5}$

です。

	A	B	C	D	E
A		○	○	○	○
B	−		○	○	○
C	−	−		○	○
D	−	−	−		○
E	−	−	−	−	

❾ (1) $\frac{1}{4}$　　(2) $\frac{2}{9}$

解き方 1 回目の位置をもとにして，次のような表をつくります。

1 回目の目		1	2	3	4	5	6
1 回目の位置		B	C	D	A	B	C
2 回目の目と位置	1	C	D	A	B	C	D
	2	D	A	B	C	D	A
	3	A	B	C	D	A	B
	4	B	C	D	A	B	C
	5	C	D	A	B	C	D
	6	D	A	B	C	D	A

注意次のような点に注意して表をつくります。

2 の目➡対角の位置にくる。

4 の目➡ 1 回りして元の位置にもどる。

5 の目➡ 1 回りして 1 進む➡ 1 の目と同じ

6 の目➡ 1 回りして 2 進む➡ 2 の目と同じ

さいころを 2 回投げたとき，起こり得るすべての場合は，表より全部で，36 通りです。

(1) 2 回目に頂点 A にいるのは，下の表の色アミの部分で 9 通りです。

1 回目の目		1	2	3	4	5	6
1 回目の位置		B	C	D	A	B	C
2 回目の目と位置	1	C	D	**A**	B	C	D
	2	D	**A**	B	C	D	**A**
	3	**A**	B	C	D	**A**	B
	4	B	C	D	**A**	B	C
	5	C	D	**A**	B	C	D
	6	D	**A**	B	C	D	**A**

その確率は，$\frac{9}{36}=\frac{1}{4}$

(2) 2 回目に頂点 B にいるのは，下の表の色アミの部分で 8 通りです。

1 回目の目		1	2	3	4	5	6
1 回目の位置		B	C	D	A	B	C
2 回目の目と位置	1	C	D	A	**B**	C	D
	2	D	A	**B**	C	D	A
	3	A	**B**	C	D	A	**B**
	4	**B**	C	D	A	**B**	C
	5	C	D	A	**B**	C	D
	6	D	A	**B**	C	D	A

その確率は，$\frac{8}{36}=\frac{2}{9}$

p.52-53 Step ❸

❶ (1) $\dfrac{1}{4}$　(2) $\dfrac{4}{13}$　(3) 0　(4) $\dfrac{6}{13}$

❷ (1) $\dfrac{1}{8}$　(2) $\dfrac{3}{8}$

❸ (1) $\dfrac{1}{6}$　(2) $\dfrac{1}{9}$　(3) $\dfrac{5}{18}$

❹ (1) 12 通り　(2) $\dfrac{3}{4}$

❺ (1) $\dfrac{3}{10}$　(2) $\dfrac{3}{5}$　(3) $\dfrac{3}{10}$

❻ (1) $\dfrac{3}{7}$　(2) $\dfrac{3}{7}$　(3) $\dfrac{5}{7}$

解き方

❶ (1) ♦のカードは全部で 13 枚あるので，求める確率は，$\dfrac{13}{52}=\dfrac{1}{4}$ です。

(2) 3 の倍数のカードは，♥，♦，♠，♣の 4 種類のそれぞれに，3，6，9，12 の 4 枚ずつあるので，全部で，$4\times4=16$(枚)あります。

求める確率は，$\dfrac{16}{52}=\dfrac{4}{13}$ です。

(3) ジョーカーははいっていないので，求める確率は，$\dfrac{0}{52}=0$ です。

(4) 12 の約数のカードは，♥，♦，♠，♣の 4 種類のそれぞれに，1，2，3，4，6，12 の 6 枚ずつあるので，全部で，$6\times4=24$(枚)あります。

求める確率は，$\dfrac{24}{52}=\dfrac{6}{13}$ です。

❷ (1) 表を○，裏を×として樹形図をかくと，表，裏の出方は全部で 8 通りです。

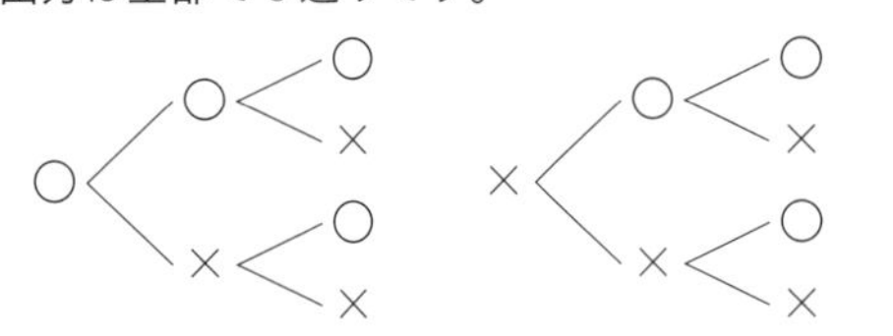

3 枚とも表が出るのは，○－○－○の 1 通りです。

求める確率は，$\dfrac{1}{8}$ です。

(2) 1 枚が表で，2 枚が裏が出るのは，○－×－×，×－○－×，×－×－○の 3 通りです。求める確率は，$\dfrac{3}{8}$ です。

❸ 2 つのさいころの目の積を表にすると，下の表のようになり，起こり得るすべての場合は全部で，36 通りです。

小＼大	⚀	⚁	⚂	⚃	⚄	⚅
⚀	①	2	3	4	5	6
⚁	2	④	6	8	10	12
⚂	3	6	⑨	12	15	18
⚃	4	8	12	⑯	20	24
⚄	5	10	15	20	㉕	30
⚅	6	12	18	24	30	㊱

(1) 2 つとも同じ目になるのは表の○がついている (1，1)，(2，2)，(3，3)，(4，4)，(5，5)，(6，6) の 6 通りあるから，その確率は，$\dfrac{6}{36}=\dfrac{1}{6}$ です。

(2) 目の積が 12 になるのは，表の□の部分で 4 通りなので，その確率は，$\dfrac{4}{36}=\dfrac{1}{9}$ です。

(3) 目の積が 18 以上になるのは，表の□の部分で 10 通りなので，その確率は，$\dfrac{10}{36}=\dfrac{5}{18}$ です。

❹ (1) カードを続けて 2 枚取り出し，1 枚目を十の位の数，2 枚目を一の位の数にして 2 けたの整数をつくると，できる整数は，樹形図から，全部で 12 通りです。

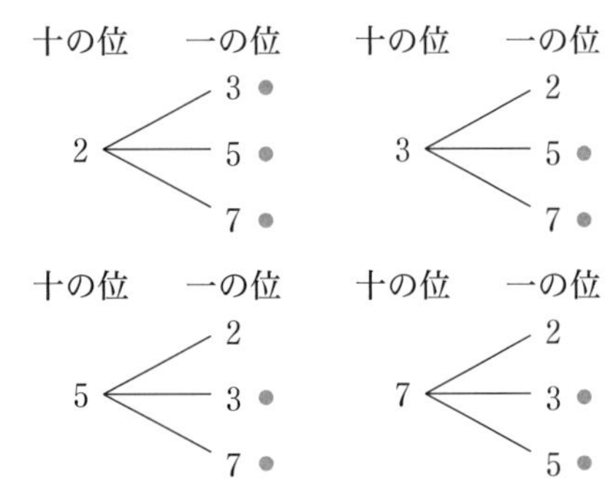

(2) 奇数は，上の樹形図で●のついた 9 通りです。

よって，求める確率は，$\dfrac{9}{12}=\dfrac{3}{4}$ です。

▶ 本文 p.53

5 赤玉を赤$_1$，赤$_2$，赤$_3$，白玉を白$_1$，白$_2$とします。

(1) 2個の組み合わせをすべて書くと，

{赤$_1$，赤$_2$}，{赤$_1$，赤$_3$}，{赤$_1$，白$_1$}，{赤$_1$，白$_2$}，
{赤$_2$，赤$_3$}，{赤$_2$，白$_1$}，{赤$_2$，白$_2$}，{赤$_3$，白$_1$}，
{赤$_3$，白$_2$}，{白$_1$，白$_2$}の10通りです。

両方とも赤玉であるのは3通りだから，求める確率は，$\dfrac{3}{10}$です。

参考 表を使って考えると，次のようになります。

＼	赤$_1$	赤$_2$	赤$_3$	白$_1$	白$_2$
赤$_1$	＼	○	○	○	○
赤$_2$		＼	○	○	○
赤$_3$			＼	○	○
白$_1$				＼	○
白$_2$					＼

(2) 赤玉1個と白玉1個の組み合わせは6通りだから，求める確率は，$\dfrac{6}{10}=\dfrac{3}{5}$です。

(3) 2回続けて取り出すとき，順番も考えた組み合わせは，

(赤$_1$，赤$_2$)，(赤$_2$，赤$_1$)，(赤$_1$，赤$_3$)，(赤$_3$，赤$_1$)，
(赤$_1$，白$_1$)，(白$_1$，赤$_1$)，(赤$_1$，白$_2$)，(白$_2$，赤$_1$)，
(赤$_2$，赤$_3$)，(赤$_3$，赤$_2$)，(赤$_2$，白$_1$)，(白$_1$，赤$_2$)，
(赤$_2$，白$_2$)，(白$_2$，赤$_2$)，(赤$_3$，白$_1$)，(白$_1$，赤$_3$)，
(赤$_3$，白$_2$)，(白$_2$，赤$_3$)，(白$_1$，白$_2$)，(白$_2$，白$_1$)
の20通りです。

赤玉→白玉の順になるのは下線の6通りあるから，求める確率は，$\dfrac{6}{20}=\dfrac{3}{10}$です。

参考 表を使って考えると，次のようになります。

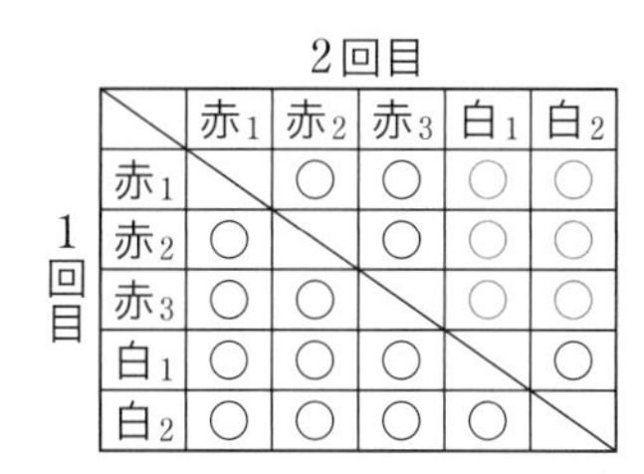

2回目（列），1回目（行）

＼	赤$_1$	赤$_2$	赤$_3$	白$_1$	白$_2$
赤$_1$	＼	○	○	○	○
赤$_2$	○	＼	○	○	○
赤$_3$	○	○	＼	○	○
白$_1$	○	○	○	＼	○
白$_2$	○	○	○	○	＼

6 あたりくじを①，②，③，はずれくじを[4]，[5]，[6]，[7]で表すと，樹形図は次のようになり，A，Bの2人のくじのひき方は全部で42通りです。

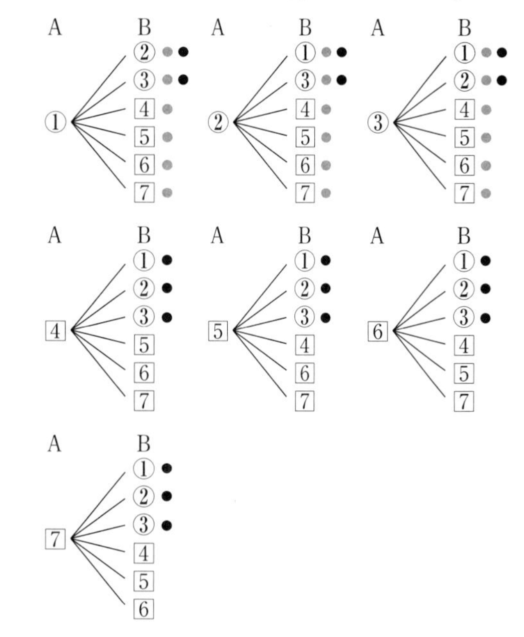

A B
[7] — ① ② ③ [4] [5] [6]

(1) Aがあたりをひくのは，上の樹形図で●のついた18通りです。

よって，求める確率は，$\dfrac{18}{42}=\dfrac{3}{7}$です。

(2) Bがあたりをひくのは，上の樹形図で●のついた18通りです。

よって，求める確率は，$\dfrac{18}{42}=\dfrac{3}{7}$です。

(3) A，Bがともにはずれをひくのは，上の樹形図で印のついていない12通りです。

この確率は，$\dfrac{12}{42}=\dfrac{2}{7}$です。

よって，A，Bのうち，少なくとも1人があたりをひく確率は，$1-\dfrac{2}{7}=\dfrac{5}{7}$です。

参考 あることがらの起こる確率がpであるとき，あることがらが起こらない確率は$1-p$となります。
「少なくとも1人があたる」ということを「2人ともはずれない」ことと考えればよいです。

(少なくとも1人があたる確率)
＝(2人ともはずれない確率)
＝1－(2人ともはずれる確率)
$=1-\dfrac{2}{7}$
$=\dfrac{5}{7}$

7章 箱ひげ図とデータの活用

1節 箱ひげ図

p.55 **Step 2**

❶ (1) 第1四分位数2時間，第2四分位数4時間，
第3四分位数7時間

(2) 5時間　　(3) (下の図)

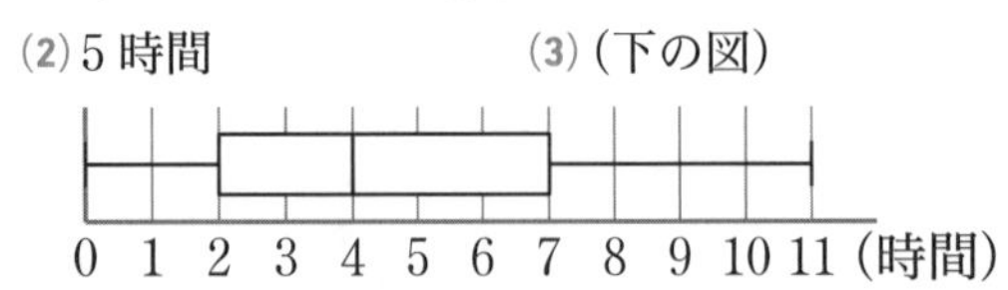

解き方 (1) データの数が偶数だから，19番目と20番目の平均値が第2四分位数です。19番目の値は4，20番目の値も4なので，第2四分位数は4時間です。第1四分位数は前半のデータの中央値のことで，10番目の値なので2時間，第3四分位数は後半のデータの中央値のことで，29番目の値なので7時間です。

(2) (四分位範囲)＝(第3四分位数)－(第1四分位数)
＝7－2＝5(時間)

(3) 箱ひげ図は，四分位数，最小値，最大値をもとにしてかきます。

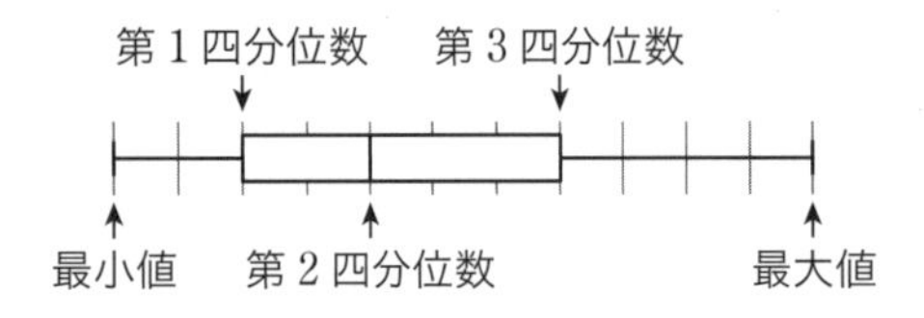

❷ (1) 2組，1組，3組　(2) 1組，3組，2組
(3) 3組　(4) ㋑

解き方 (1) 箱ひげ図の箱の中にある縦の線が中央値(第2四分位数)です。

(2) (範囲)＝(最大値)－(最小値)です。この値が大きい順に並べかえます。

(3) (四分位範囲)＝(第3四分位数)－(第1四分位数)で求められ，箱ひげ図の箱の幅の長さを表します。この値がいちばん大きいのは3組です。

(4) ㋐中央値を比べます。1組は5点，2組は6点，3組は4点なので，5点未満の生徒の数がいちばん多いのは2組ではありません。よって，間違いです。

㋑3組の中央値は4点なので，4点以上の生徒は半分以上います。よって，正しいです。

p.56 **Step 3**

❶ (1) 第1四分位数3.5時間
第2四分位数6.5時間
第3四分位数10.5時間

(2) 7時間　　(3) (下の図)

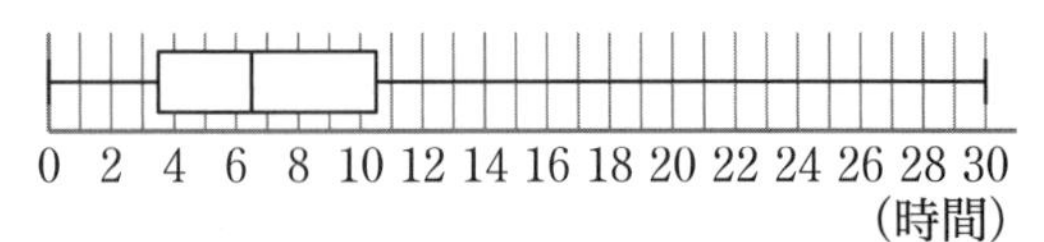

❷ (1) B　(2) C，A，B　(3) C　(4) ㋑

解き方

❶ (1) データの値を小さい順に並べかえると

0　0　0　1　1　2　2　2　3　3　4　4　4　4　4
5　5　5　6　6　7　8　8　8　8　8　8　9　9　10
11　12　14　14　15　16　18　18　24　30

となります。データの数が偶数だから，20番目と21番目の平均値が第2四分位数です。20番目の値は6，21番目の値は7なので，第2四分位数は $\frac{6+7}{2}=6.5$ (時間)です。第1四分位数は前半のデータの中央値のことで，10番目と11番目の平均値，第3四分位数は後半のデータの中央値のことで，30番目と31番目の平均値です。

(2) (四分位範囲)＝(第3四分位数)－(第1四分位数)
＝10.5－3.5＝7(時間)

❷ (1) 箱ひげ図の箱の中にある縦の線が中央値(第2四分位数)です。

(2) 四分位範囲は，箱ひげ図の箱の幅の長さを表します。

(3) (範囲)＝(最大値)－(最小値)で求められます。この値がいちばん大きいのはCです。

(4) ㋐Cだけ中央値が7.8秒以上の位置にあるので，7.8秒未満の生徒の数がいちばん多いのはCではありません。よって，間違いです。

㋑Bの中央値は7.6秒の位置にあるので，7.6秒以上の生徒は半分以上います。よって，正しいです。

㋒箱ひげ図からは，7.6秒未満の生徒の数が同じかどうかは判断できません。

テスト前 ☑ やることチェック表

① まずはテストの目標をたてよう。頑張ったら達成できそうなちょっと上のレベルを目指そう。
② 次にやることを書こう（「ズバリ英語〇ページ，数学〇ページ」など）。
③ やり終えたら□に✓を入れよう。
最初に完ぺきな計画をたてる必要はなく，まずは数日分の計画をつくって，
その後追加・修正していっても良いね。

目標

	日付	やること 1	やること 2
2週間前	/	□	□
	/	□	□
	/	□	□
	/	□	□
	/	□	□
	/	□	□
	/	□	□
1週間前	/	□	□
	/	□	□
	/	□	□
	/	□	□
	/	□	□
	/	□	□
	/	□	□
テスト期間	/	□	□
	/	□	□
	/	□	□
	/	□	□
	/	□	□

QRコードのページに登録すると，「ぴたリンク」からも表をダウンロードできるよ

テスト前 ☑ やることチェック表

① まずはテストの目標をたてよう。頑張ったら達成できそうなちょっと上のレベルを目指そう。
② 次にやることを書こう（「ズバリ英語○ページ，数学○ページ」など）。
③ やり終えたら□に✓を入れよう。
　最初に完ぺきな計画をたてる必要はなく，まずは数日分の計画をつくって，
　その後追加・修正していっても良いね。

目標

	日付	やること1	やること2
2週間前	／	□	□
	／	□	□
	／	□	□
	／	□	□
	／	□	□
	／	□	□
	／	□	□
1週間前	／	□	□
	／	□	□
	／	□	□
	／	□	□
	／	□	□
	／	□	□
	／	□	□
テスト期間	／	□	□
	／	□	□
	／	□	□
	／	□	□
	／	□	□

キリトリ線

QRコードのページに登録すると，「ぴたリンク」からも表をダウンロードできるよ

- テストにズバリよくでる!
- 用語・公式や例題を掲載!

数学

啓林館版

2年

赤シートで何度でも!

1章 式の計算

教 p.13〜22

1 単項式と多項式

□数や文字の乗法だけでできている式を，［単項式］といいます。

□単項式（たんこうしき）の和の形で表された式を，［多項式］といいます。

2 重要 式の加法，減法

□同類項（どうるいこう）は，$ma+na=$［$(m+n)a$］を使って，1つの項にまとめることができます。

例 $2a+3b+3a-2b=2a+3a+3b-2b$

$=(2a+3a)+(3b-2b)$

$=(2+$［3］$)a+(3-$［2］$)b$

$=$［$5a+b$］

3 多項式の計算

□かっこがある式は，分配法則 $m(a+b)=$［$ma+mb$］を使って計算します。

4 単項式の乗法，除法

□単項式の乗法では，係数の積と［文字の積］をかけます。

例 $2x\times(-5y)=2\times$［(-5)］$\times x\times y$

$=$［$-10xy$］

□3つの式の乗除では，

$A\div B\times C=$［$\dfrac{A\times C}{B}$］，$A\div B\div C=$［$\dfrac{A}{B\times C}$］

を使って計算します。

教 p.24〜29

1 連続する整数

□連続する3つの整数のうち，いちばん小さい数をnとすると，連続する3つの整数は，n，$\boxed{n+1}$，$\boxed{n+2}$と表されます。

2 偶数と奇数

□mを整数とすると，偶数(ぐうすう)は$\boxed{2m}$と表されます。

□nを整数とすると，奇数(きすう)は$\boxed{2n+1}$と表されます。

3 2けたの整数

□ 2けたの正の整数は，十の位の数をa，一の位の数をbとすると，$\boxed{10a+b}$と表されます。

4 重要 等式の変形

□$x+y=6$を$x=6-y$のように式を変形することを，$x+y=6$を$\boxed{x\text{について解く}}$といいます。

例 $2x=3y+4$をxについて解(と)くと，

両辺を$\boxed{2}$でわって，$x=\boxed{\frac{3}{2}y+2}\left(\frac{3y+4}{2}\right)$

また，$2x=3y+4$をyについて解くと，

両辺を入れかえて，　$3y+4=2x$

$\boxed{4}$を移項して，　$3y=2x-\boxed{4}$

両辺を$\boxed{3}$でわって，　$y=\boxed{\frac{2x-4}{3}}$

2章 連立方程式

教 p.36〜43

1 重要 加減法

□x，y をふくむ連立方程式から，y をふくまない方程式を導くことを，y を 消去する といいます。

□連立方程式を解くのに，左辺どうし，右辺どうしを，それぞれ，たすかひくかして，1 つの文字を消去（しょうきょ）する方法を 加減法 といいます。

$$\begin{array}{rl} & A=B \\ +) & C=D \\ \hline & A+C=\boxed{B+D} \end{array} \qquad \begin{array}{rl} & A=B \\ -) & C=D \\ \hline & A-C=\boxed{B-D} \end{array}$$

|例| $\begin{cases} 5x+y=7 & \cdots\cdots① \\ 3x-y=1 & \cdots\cdots② \end{cases}$

①と②の両辺をたすと，

$$\begin{array}{rl} & 5x+y=7 \\ +) & 3x-y=1 \\ \hline & 8x \quad =\boxed{8} \\ & x=\boxed{1} \end{array}$$

この値を，①の x に代入すると，

$$5+y=7$$
$$y=\boxed{2}$$

よって，$(x,\ y)=(\boxed{1},\ \boxed{2})$

2 代入法

□連立方程式を解くのに，代入によって 1 つの文字を消去する方法を 代入法 といいます。

教 p.44〜46

1 かっこがある連立方程式の解き方

□かっこがある式を，かっこ をはずしたり 移項 したりして，整理します。

2 重要 係数に分数がある連立方程式の解き方

□係数に分数があるときは，その式の 分母をはらって ，x や y の係数を整数にします。

例 $\begin{cases} y=-x-1 & \cdots\cdots① \\ \dfrac{x}{2}+\dfrac{y}{3}=-1 & \cdots\cdots② \end{cases}$

②× 6　$\left(\dfrac{x}{2}+\dfrac{y}{3}\right)\times 6=(-1)\times 6$

$3x+2y=-6$　……②′

①を②′に代入すると，$3x+2(-x-1)=-6$

$3x-2x-2=-6$

$x=-4$

$x=-4$ を①に代入すると，$y=3$

$(x,\ y)=(-4,\ 3)$

3 $A=B=C$ の形の方程式の解き方

□$A=B=C$ の形の方程式は，次の3つのいずれかの形の連立方程式になおして解くことができます。

$\begin{cases} A=C \\ B=C \end{cases}$　　$\begin{cases} A=B \\ A=C \end{cases}$　　$\begin{cases} A=B \\ B=C \end{cases}$

教 p.60〜65

1 一次関数

□y が x の関数で，y が x の一次式で表されるとき，y は x の［一次関数］であるといいます。

2 重要 一次関数の変化の割合

□変化(へんか)の割合(わりあい)$=\dfrac{[y\text{の増加量}]}{[x\text{の増加量}]}$

□一次関数(いちじかんすう) $y=ax+b$（a，b は定数）では，変化の割合は一定で，［a］に等しい。

変化の割合$=\dfrac{[y\text{の増加量}]}{[x\text{の増加量}]}=$［$a$］

|例| 一次関数 $y=2x+3$ の変化の割合は，つねに［2］です。

□一次関数 $y=ax+b$ の変化の割合 a は，x の増加量が1のときの y の増加量が［a］であることを表しています。

|例| 一次関数 $y=2x+3$ で，

x の増加量が1のときの y の増加量は［2］

x の増加量が3のときの y の増加量は［6］

□一次関数 $y=ax+b$ で，

$a>0$ のとき，x の値が増加すると，y の値は［増加］する。

$a<0$ のとき，x の値が増加すると，y の値は［減少］する。

3 反比例の関係の変化の割合

□反比例の関係では，変化の割合は［一定ではない］。

教 p.66～71

1 重要 一次関数のグラフ

□一次関数 $y=ax+b$ のグラフは，直線 $y=ax$ に [平行] で，y 軸(じく)上の点 $(0,$ [b] $)$ を通る直線です。

□一次関数 $y=ax+b$ のグラフは，傾き(かたむ)き [a]，切片(せっぺん) [b] の直線です。

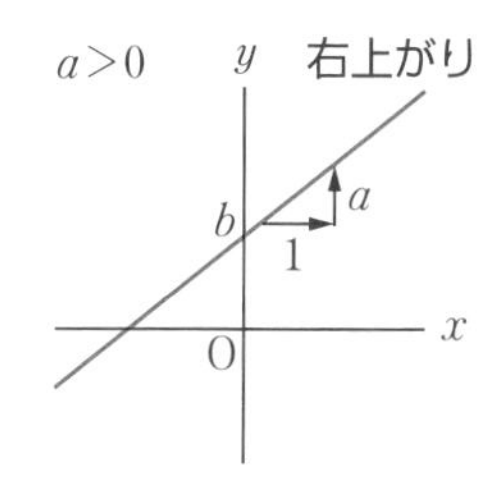

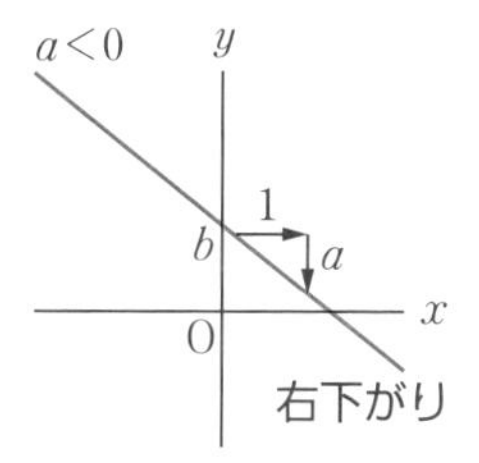

□一次関数 $y=ax+b$ の変化の割合 [a] は，そのグラフである直線 $y=ax+b$ の [傾き] になっています。

2 一次関数のグラフのかき方

□一次関数 $y=ax+b$ のグラフは，[切片 b] で y 軸との交点を決め，その点を通る傾き [a] の直線をひいてかくことができます。

例 $y=\frac{3}{2}x-1$ のグラフ

切片は [-1]，傾きは [$\frac{3}{2}$]

↑

右へ 2 進むと，

上へ [3] 進む。

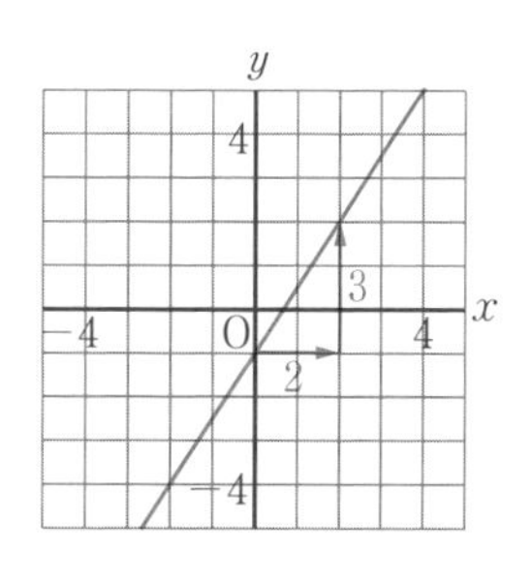

3章 一次関数

1節 一次関数とグラフ
2節 一次関数と方程式

教 p.73〜83

1 重要 一次関数の式を求めること

□一次関数のグラフから，傾き a と 切片 b を読みとることができれば，その一次関数の式 $y=ax+b$ を求めることができます。

□傾き(かたむ)きと通る1点の座標から一次関数の式を求める

→$y=ax+b$ に 傾き a と通る点の x 座標，y 座標 の値を代入して，b の値を求めます。

□ 2点の座標から一次関数の式を求める

→❶ 2点の座標から，傾き を求めて，切片を求めます。

→❷ $y=ax+b$ に2点の座標の値を代入して，a と b についての 連立方程式 をつくり，a と b の値を求めます。

2 二元一次方程式とグラフ

□二元一次方程式 $ax+by=c$ のグラフは 直線 である。

特に，$y=k$ のグラフは，x 軸 に平行な直線である。

$x=h$ のグラフは，y 軸 に平行な直線である。

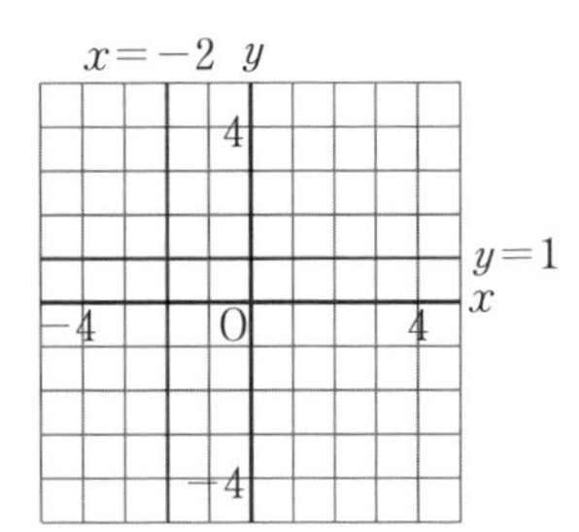

3 連立方程式の解とグラフ

□連立方程式 $\begin{cases} ax+by=c & \cdots\cdots① \\ a'x+b'y=c' & \cdots\cdots② \end{cases}$ の解は，直線①，②の 交点 の座標と一致(いっち)する。

教 p.96〜100

1 対頂角の性質

□対頂角は 等しい 。

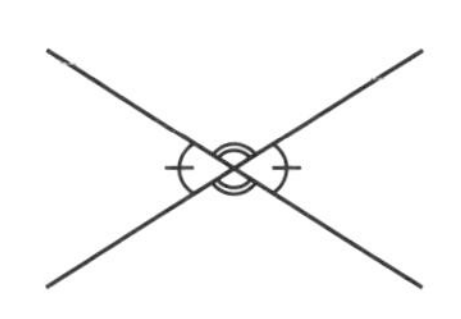

2 重要 平行線の性質

□ 2 つの直線に 1 つの直線が交わるとき,

❶ 2 つの直線が平行ならば,
同位角 は等しい。

❷ 2 つの直線が平行ならば,
錯角 は等しい。

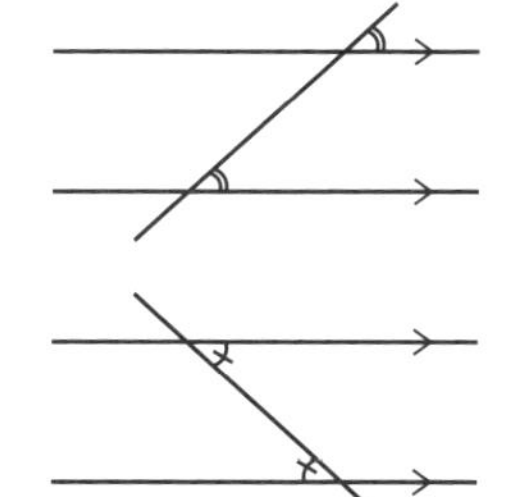

3 平行線になるための条件

□ 2 つの直線に 1 つの直線が交わるとき,

❶ 同位角 が等しいならば,
この 2 つの直線は平行である。

❷ 錯角 が等しいならば,
この 2 つの直線は平行である。

例 右の図で, 錯角 が等しいから,
$\ell \parallel m$

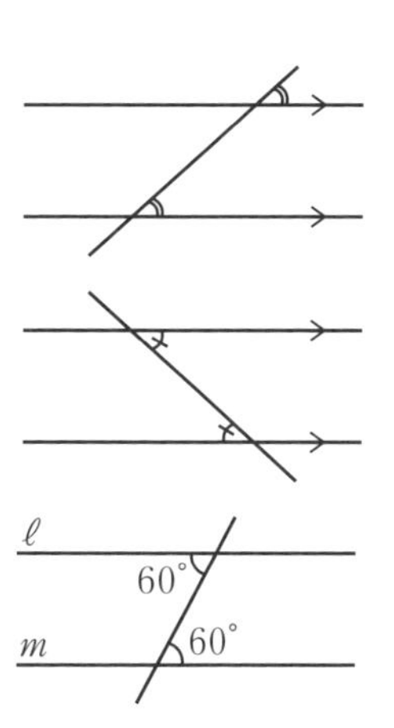

教 p.101〜107

1 重要 三角形の内角・外角の性質

□❶ 三角形の 3 つの内角(ないかく)の和は [180] °である。

□❷ 三角形の 1 つの外角(がいかく)は，そのとなりにない [2 つの内角の和] に等しい。

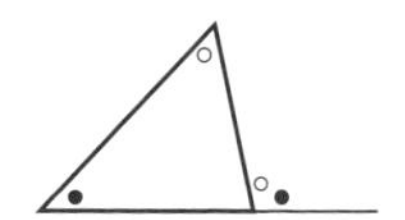

2 三角形の分類

□ 0° より大きく 90° より小さい角を [鋭角]，90° より大きく 180° より小さい角を [鈍角] といいます。

□ 3 つの内角がすべて鋭角(えいかく)である三角形を [鋭角] 三角形といいます。

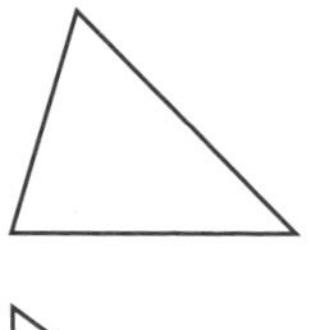

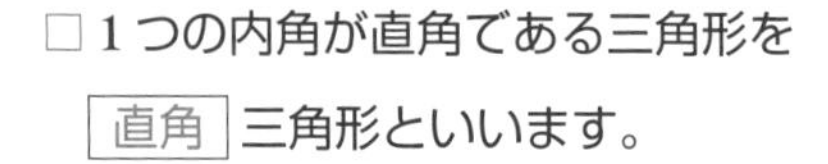

□ 1 つの内角が直角である三角形を [直角] 三角形といいます。

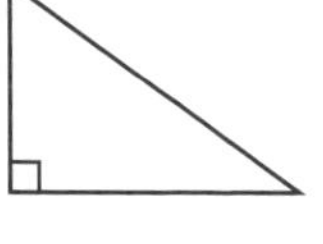

□ 1 つの内角が鈍角(どんかく)である三角形を [鈍角] 三角形といいます。

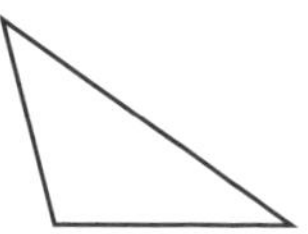

3 多角形の内角の和

□n 角形の内角の和は，[$180° \times (n-2)$] である。

4 多角形の外角の和

□多角形の外角の和は，[360] °である。

4章 図形の調べ方

1節 平行と合同
2節 証明

教 p.108～119

1 合同な図形の性質

□❶ 合同な図形では，対応する［線分の長さ］は，それぞれ等しい。

□❷ 合同な図形では，対応する［角の大きさ］は，それぞれ等しい。

2 重要 三角形の合同条件

□ 2つの三角形は，次のそれぞれの場合に合同である。

❶ ［3組の辺］が，それぞれ等しいとき

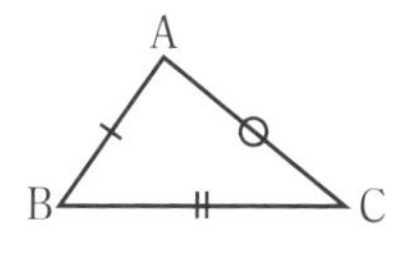

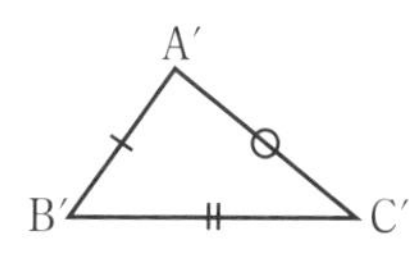

AB＝A′B′

BC＝B′C′

CA＝C′A′

❷ ［2組の辺］と［その間の角］が，それぞれ等しいとき

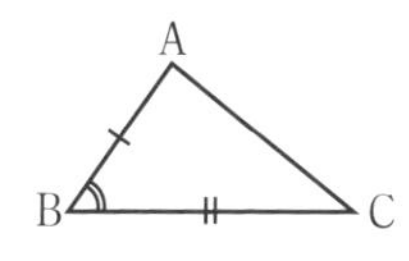

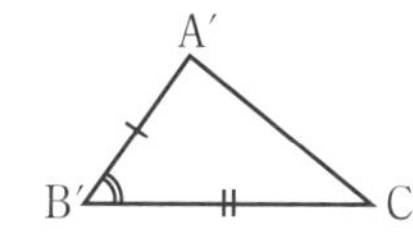

AB＝A′B′

BC＝B′C′

∠B＝∠B′

❸ ［1組の辺］と［その両端の角］が，それぞれ等しいとき

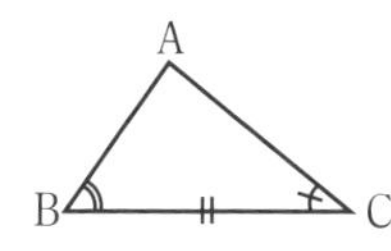

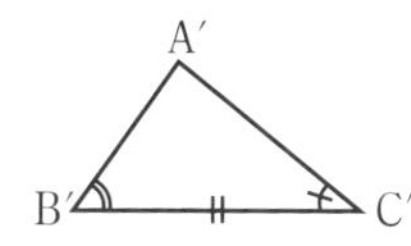

BC＝B′C′

∠B＝∠B′

∠C＝∠C′

3 証明とそのしくみ

□「［(ア)］ならば，［(イ)］である」の［(ア)］の部分を［仮定］，［(イ)］の部分を［結論］といいます。

例 「$a=b$ ならば，$a+c=b+c$ である。」ということがらの仮定(かてい)は［$a=b$］，結論(けつろん)は［$a+c=b+c$］

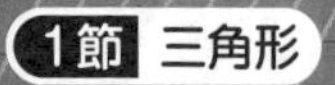

教 p.126〜138

1 二等辺三角形

□(定義(ていぎ)) 2 つの 辺 が等しい三角形を二等辺三角形という。

□二等辺三角形の 2 つの 底角 は等しい。

□二等辺三角形の頂角の二等分線は，底辺 を垂直に 2 等分する。

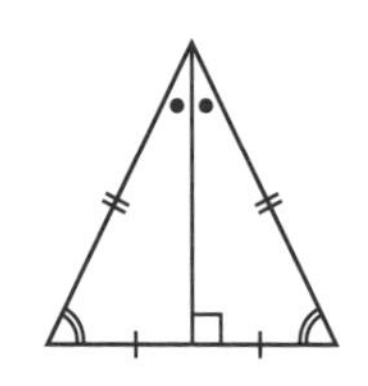

2 2 角が等しい三角形

□ 2 つの角が等しい三角形は，二等辺三角形 である。

3 正三角形

□(定義) 3 つの 辺 がすべて等しい三角形を，正三角形という。

□正三角形の 3 つの 角 は，すべて等しい。

4 重要 直角三角形の合同

□ 2 つの直角三角形は，次のそれぞれの場合に合同である。

❶ 斜辺(しゃへん)と 1 つの鋭角 が，それぞれ等しいとき

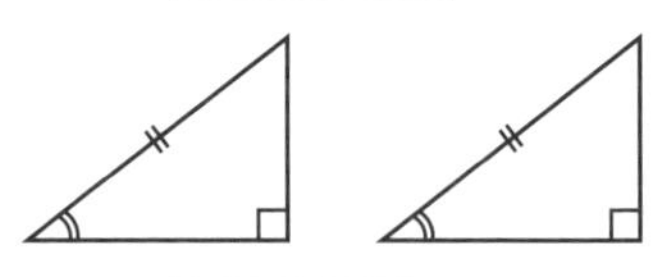

❷ 斜辺と 他の 1 辺 が，それぞれ等しいとき

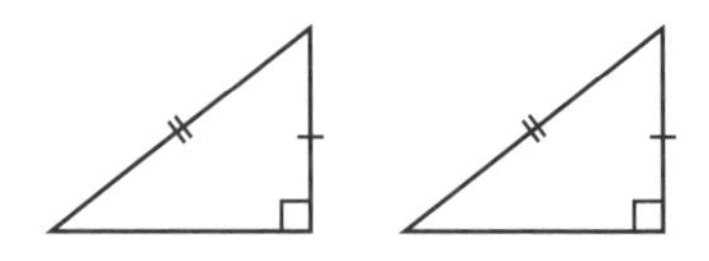

教 p.139〜146

1 平行四辺形の定義

□ 2 組の向かいあう辺が，それぞれ
平行 な四角形を平行四辺形という。

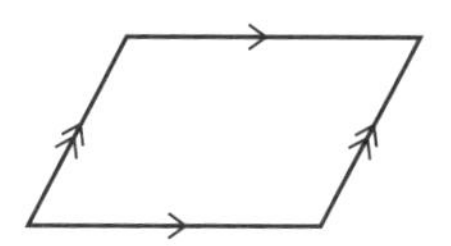

2 平行四辺形の性質

□❶ 平行四辺形の 2 組の向かいあう
辺 は，それぞれ等しい。

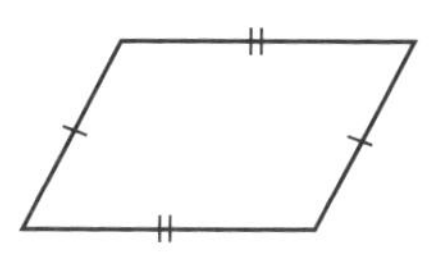

□❷ 平行四辺形の 2 組の向かいあう
角 は，それぞれ等しい。

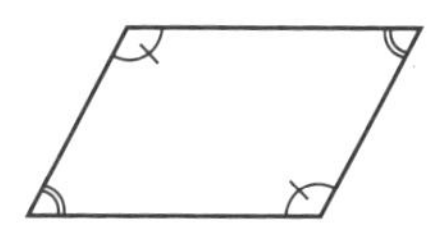

□❸ 平行四辺形の対角線は，それぞ
れの 中点 で交わる。

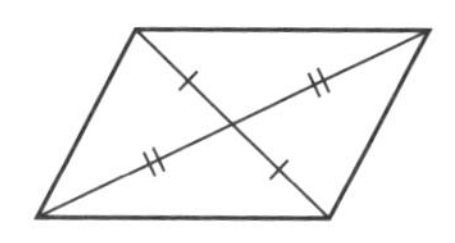

3 重要 平行四辺形になるための条件

□四角形は，次のそれぞれの場合に，平行四辺形である。

❶ 2 組の向かいあう 辺 が，それぞれ平行であるとき(定義)
❷ 2 組の向かいあう 辺 が，それぞれ等しいとき
❸ 2 組の向かいあう 角 が，それぞれ等しいとき
❹ 対角線が，それぞれの 中点 で交わるとき
❺ 1 組の向かいあう辺が， 等しくて平行 であるとき

例 四角形 ABCD が，AB // CD，AB＝2cm，CD＝2cm のとき，上の条件の ❺ から四角形 ABCD は平行四辺形であるといえる。

教 p.147～153

1 長方形，ひし形，正方形の定義

□ 4 つの角がすべて等しい四角形を，［長方形］という。

□ 4 つの辺がすべて等しい四角形を，［ひし形］という。

□ 4 つの辺がすべて等しく，4 つの角がすべて等しい四角形を，［正方形］という。

2 重要 四角形の対角線の性質

□❶ 長方形の対角線は，［長さが等しい］。

□❷ ひし形の対角線は，［垂直に交わる］。

□❸ 正方形の対角線は，［長さが等しく，垂直に交わる］。

3 平行四辺形，長方形，ひし形，正方形の関係

□

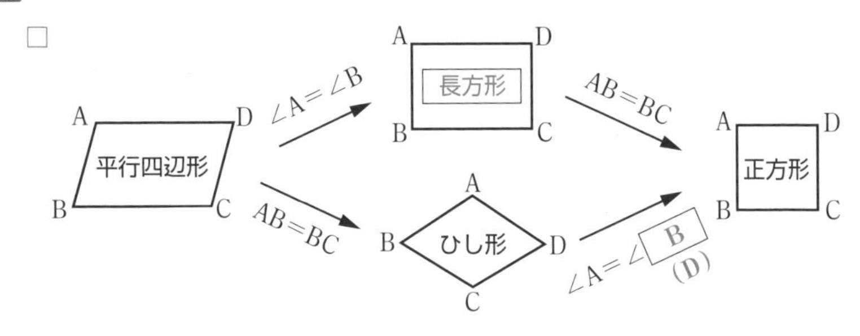

4 底辺が共通な三角形

□ 1 つの直線上の 2 点 B，C と，その直線の同じ側にある 2 点 A，D について，

❶ AD // BC ならば，△ABC＝△［DBC］

❷ △ABC＝△DBC ならば，AD //［BC］

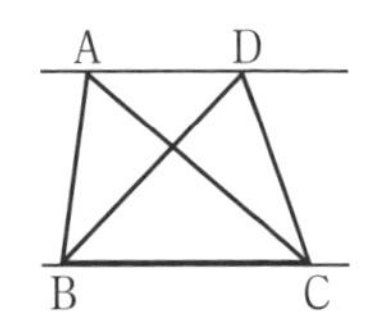

教 p.160〜169

1 重要 確率の求め方

□起こる場合が全部で n 通りあり，そのどれが起こることも同様に確からしいとする。

そのうち，ことがらAの起こる場合が a 通りであるとき，

ことがらAの起こる確率　$p=\boxed{\dfrac{a}{n}}$

□かならず起こることがらの確率は $\boxed{1}$ である。

□けっして起こらないことがらの確率は $\boxed{0}$ である。

□あることがらの起こる確率を p とするとき，p の値の範囲(はんい)は

$\boxed{0} \leqq p \leqq \boxed{1}$ となります。

例　赤玉2個，黄玉3個がはいっている箱から玉を1個取り出すとき，玉の取り出し方は全部で $\boxed{5}$ 通りだから，

・赤玉が出る確率は，$\boxed{\dfrac{2}{5}}$

・色のついた玉が出る確率は，$\boxed{\dfrac{5}{5}}=\boxed{1}$

・白玉が出る確率は，$\boxed{\dfrac{0}{5}}=\boxed{0}$

2 あることがらの起こらない確率

□一般(いっぱん)に，ことがらAの起こる確率を p とすると，

Aの起こらない確率＝$\boxed{1-p}$

例　くじ引きで，あたりをひく確率を p とするとき，はずれをひく確率は，$\boxed{1-p}$

7章 箱ひげ図とデータの活用

1節 箱ひげ図

教 p.174～180

1 四分位数

□データの値を小さい順に並べ，中央値を境に，前半部分と後半部分の2つに分けます。このとき，

前半部分の中央値を 第1四分位数 ，

データ全体の中央値を 第2四分位数 ，

後半部分の中央値を 第3四分位数 ，

といいます。

また，これらをあわせて， 四分位数 といいます。

2 重要 箱ひげ図

□

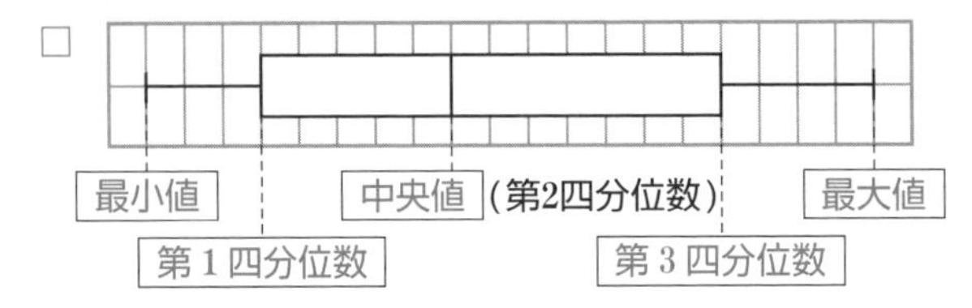

最小値　中央値（第2四分位数）　最大値

第1四分位数　第3四分位数

3 四分位範囲

□四分位範囲（しぶんいはんい）＝ 第3四分位数 － 第1四分位数

□

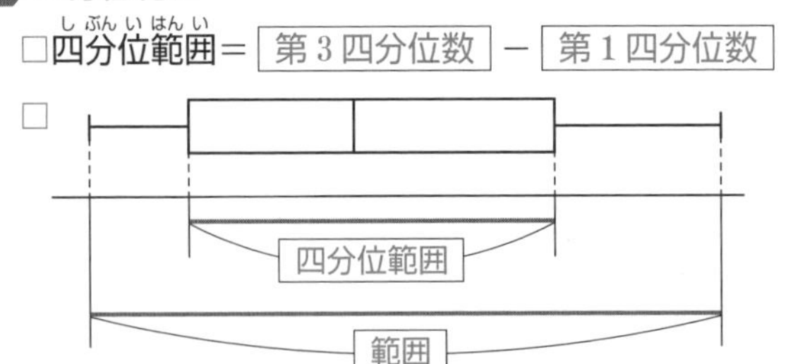

□データの中に極端（きょくたん）に離（はな）れた値があると， 範囲 は影響（えいきょう）を受けますが， 四分位範囲 は影響をほとんど受けません。